博雅慧灵

[美]P.A.查德伯恩 著
邬娜 译

上海交通大学出版社
SHANGHAI JIAO TONG UNIVERSITY PRESS

博物学四讲

博物学与智慧、品位、财富和信仰

LECTURES ON NATURAL HISTORY

ITS RELATIONS TO INTELLECT, TASTE, WEALTH, AND RELIGION

内容提要

这是一部由19世纪美国著名教育家、博物学家查德伯恩的四篇讲座组成的简明博物学作品。全书包括四部分内容，分别探讨了博物学与智慧、品位、财富和信仰的关系，展现了博物学这种渐渐被淡忘的古老知识形态与丰富人类日常生活和提升精神境界密不可分的关联。作者希望教育界对博物学给予足够的重视，普通人可以借助博物学更好地感悟大自然、理解大自然，享受更美好的人生。本书语言生动，从矿物、植物和动物王国向人类的精神信仰层层推进，步履所及之处豁然开朗。查德伯恩于19世纪对博物学性质、功能的描述，能令科学史、文化史学者更好地把握历史上博物学所扮演的角色，并为今日复兴博物学提供有益的参考。

图书在版编目（CIP）数据

博物学四讲：博物学与智慧、品位、财富和信仰/（美）P. A. 查德伯恩著；邬娜译. —上海：上海交通大学出版社，2017

（博物学文化丛书）

ISBN 978-7-313-16027-0

Ⅰ. ①博… Ⅱ. ①P…②邬… Ⅲ. ①博物学 Ⅳ. ①N91

中国版本图书馆CIP数据核字（2016）第326143号

博物学四讲

著　　者：［美］P. A. 查德伯恩　　译　　者：邬　娜
出版发行：上海交通大学出版社　　地　　址：上海市番禺路951号
邮政编码：200030　　电　　话：021-64071208
出 版 人：郑益慧
印　　制：山东鸿君杰文化发展有限公司　　经　　销：全国新华书店
开　　本：787mm×960mm　1/16　　印　　张：10
字　　数：79千字
版　　次：2017年3月第1版　　印　　次：2017年3月第1次印刷
书　　号：ISBN 978-7-313-16027-0/N
定　　价：48.00元

LECTURES

ON

NATURAL HISTORY:

ITS RELATIONS

TO

INTELLECT, TASTE, WEALTH, AND

RELIGION.

BY

P. A. CHADBOURNE,

PROFESSOR OF NATURAL HISTORY IN WILLIAMS COLLEGE,

AND

PROFESSOR OF NATURAL HISTORY AND CHEMISTRY

IN BOWDOIN COLLEGE.

NEW YORK:

A. S. BARNES & BURR, 51 & 53 JOHN-STREET.

1860.

美国教育家、博物学家查德伯恩
(Paul Ansel Chadbourne, 1823—1883)

国家社科基金重大项目
“西方博物学文化与公众生态意识关系研究”（13&ZD067）和
“世界科学技术通史研究”（14ZDB017）资助

博物学文化丛书总序

博物学（natural history）是人类与大自然打交道的一种古老的适应于环境的学问，也是自然科学的四大传统之一。它发展缓慢，却稳步积累着人类的智慧。历史上，博物学也曾大红大紫过，但最近被迅速遗忘，许多人甚至没听说过这个词。

不过，只要看问题的时空尺度大一些，视野宽广一些，就一定能够重新发现博物学的魅力和力量。说到底，“静为躁君”，慢变量支配快变量。

在西方古代，亚里士多德及其大弟子特奥弗拉斯特是地道的博物学家，到了近现代，约翰·雷、吉尔伯特·怀特、林奈、布丰、达尔文、华莱士、赫胥黎、梭罗、缪尔、法布尔、谭卫道、迈尔、卡逊、劳伦兹、古尔德、威尔逊等是优秀的博物学家，他们都有重要的博物学作品存世。这些人物，人们似曾相识，因为若干学科涉及他们，比如某一门具体的自然科学，还有科学史、宗教学、哲学、环境史等。这些人曾被称作这个家那个家，但是，没有哪一头衔比博物学家（naturalist）更适合于描述其身份。中国也有自己不错的博物学家，如张华、郦道元、沈括、徐霞客、朱橚、李渔、吴其濬、竺可桢、陈兼善等，甚至可以说中国古代的学问尤以博物见长，只是以前我们不注意、不那么看罢了。

长期以来，各地的学者和民众在博物实践中形成了丰富、精致的博物学文化，为人们的日常生活和天人系统的可持续生存奠定了牢固的基础。相比于其他强势文化，博物学文化如今显得低调、无用，但自有其特色。博物学文化本身也非常复杂、多样，并非都好得很。但是，其中的一部分对于反省“现代性逻辑”、批判工业化文明、建设生态文明，可能发挥独特的作用。人类个体传习、修炼博物学，能够开阔眼界，也确实有利于身心健康。

中国温饱问题基本解决，正在迈向小康社会。我们主张在全社会恢复多种形式的博物学教育，也得到一些人的赞同。但对于推动博物学文化发展，正规教育和主流学术研究一时半会儿帮不上忙。当务之急是多出版一些可供国人参考的博物学著作。总体上看，国外大量博物学名著没有中译本，比如特奥弗拉斯特、老普林尼、格斯纳、林奈、布丰、拉马克等人的作品。我们自己的博物学遗产也有待细致整理和研究。或许，许多人、许多出版社多年共同努力才有可能改变局面。

上海交通大学出版社的这套“博物学文化丛书”自然有自己的设想、目标。限于条件，不可能在积累不足的情况下贸然全方位地着手出版博物学名著，而是根据研究现状，考虑可读性，先易后难，摸索着前进，计划在几年内推出约二十种作品。既有二阶的，也有一阶的，比较强调二阶的。希望此丛书成为博物学研究的展示平台，也成为传播博物学的一个有特色的窗口。我们想创造点条件，让年轻朋友更容易接触到古老又常新的博物学，“诱惑”其中的一部分人积极参与进来。

丛书主编　刘华杰

2015 年 7 月 2 日于北京大学

中文版序言

博物有助于成人

刘华杰

《自然神学十二讲》（中译本已出版）与这部《博物学四讲》是姊妹篇，作者都是美国教育家、博物学家查德伯恩（Paul Ansel Chadbourne，1823—1883）。在前者的中译本序言中我曾说，一百五十多年后选择翻译出版这样的老书，“看重的是他的高等教育背景”。什么意思？是暗示今不如昔？没错。2016 年我在深圳的第三届自然教育论坛上讲到“自然教育根本上就是自然教育”，此句子并非同义反复，而是指出一个事实：当今的教育出了大问题，片面强调知识和竞争，越来越忽视哺育、培养受教育者成为健康的、有益于社会和大自然的人，现代性的教育某种程度上是非自然、反自然的教育。

博物学在正规教育中彻底衰落了，这是事实。但我们同意查德伯恩对博物学功能的认知，他引用了美国景观设计师、园艺家、作家唐宁（Andrew Jackson Downing，1815—1852）的一句话："个体品位以至于民族品位都将与其鉴赏自然美景的精微敏感度成正比。"中华古代文明是讲博物学的，诗经楚辞、老子庄子、唐诗宋词、镜花缘红楼梦是很博物的。可是现在的学生甚至教师有多少还能欣赏蒹葭苍苍、杨柳依依、雨雪霏霏？还有多少人关心并"多识"家乡、校园、城市周边的草木？对草木无情，对于滥砍盗伐、水土流失、过量施用化肥、重金属污染、气候变化会十分敏感吗？当重度雾霾挥之不去之时，人们才觉察到有点不对劲。殊不知，PM2.5 数值的爆表是人们长期自然观、教育观、发展观、文明观的可视化体现。

本书没有特意讲博物学的具体内容，集中讨论了博物学与自然知识积累、品位、财富和信仰的关系，而这四个方面几乎涉及了教育的各个方面。如今的主流教育为工业文明服务，似乎只重视第一个方面和第三个方面，即教授最新的专门知识，同时瞄准挣大钱，成为人上人。品位和信仰偶有涉及，但不是因长期说谎而令人讨厌就是被聪明人系统忽略，几乎不产生正面作用。

无疑，《博物学四讲》全书洋溢着浓重的不合中国口味的自然神学味道。在上一篇序言中，我为理解力稍差者建议了一种辅助理解手段：代换，这同样适用于本书。此书出版于 1860 年，前一年 1859 年达尔文出版了《物种起源》。科学意义上的演化论都出现了，自然神学还不退场吗？其实，自然神学在当时是主流文化，那个时候博物学本来就是与自然神学捆绑而存在和发展的，钱伯斯、伍德、达尔文的博物学都有自然神学的影子。从自然神学的观点看，上帝留下两部大书，一部是《圣经》，一部是大自然。基督徒和普通学生自然要仔细“阅读”并理解这两部圣书。

户外博物实践，会令实践者体认、发现大自然的无限精致、无尽美丽，深切感受时间的力量、演化的智慧。在大自然面前，人类个体和群体谦卑、感恩、敬畏一点，不会令大家损失什么，反而有利于人类自己和天人系统的可持续生存。相反，机械论、物理主义、自然主义反而可能淘空大自然存在的意义、高估人的智力、泯灭人的伦理，最终导致一系列短视的见解和行动，严重破坏人类赖以生存的家园。在工业文明的烂摊子上，反思过往，憧憬美好明天，我们相信，古老的博物学或许可以复兴。曾经附着于博物学的自然神学并非一无是处，如果不喜欢也可以因地制宜地用本地的相应思想取代。博物有助于成人。成人不是指成年人，而是指人成为人，成为有道德的物种、有道德的个体。其次，博物自在。博物可以帮助人们寻找、确认价值和意义，让日常生活更美好。

阅读一部老书，可以重温那个时代的文化。今日复兴博物学，重点也是从文化层面考虑的，具体知识的加减还在其次。博物学是什么？今日不断有人问起，针对不同人宜给出不同的回答。简单讲，它是一种文化传统、科学传统，非常古老，一直在发展着，今日衰落了却没有消亡。不过，博物学从来也没有成为科学的真子集，对博物学的定位也不宜过分依赖于科学。比较妥当的看法是，博物学是平行于自然科学的某种东西，涉及对大自然的感受、认知、描述、利用。博物学与自然科学有交叉的部分，但整体上不能讲博物学是潜科学、前科学、肤浅的科学。也就是说，博物学的价值、意义，不能仅从科学的维度来衡量。博物学有可能在正规教育和主流体制之外重新发展起来。

2008 年 8 月一个偶然的机会，田松、孟潇母女和我在云南泸沽湖认识了本书译者邬娜。宏观地说，大家都是到那里“博物”。记得邬娜与一位台湾姑娘住在大洛水村小伙子多吉自己家的房子里，我和田松等住在多吉母亲家的大院中。我们还一起冒着小雨乘船登上洛克岛（媳娃俄岛）。作为大学英文教师的邬娜气质品位俱佳，喜欢野性的大自然，一有机会就会往山里跑。多年后大家相聚北京，也一起畅游过稍具野性的奥林匹克公园。可以说，邬娜天生与博物有缘。

非常感谢邬娜贡献了优美译文，为上海交通大学出版社的“博物学文化丛书”再添新丁。

刘华杰

2016 年 12 月 22 日于北京大学

前　言

美国人的一大特点是，用钱来衡量一切。以下系列讲座浅谈了关于博物学的几大关联，它的出发点正是希望通过一些探讨来说明这一领域的研究价值是绝不能以直接的金钱回报来衡量的。传授知识，只是教师职责的一小部分而已。这不容轻视，但是，在生活中陶冶心智，赋予它生存和拓展的能力，让其成长，这才是教育。正如鲜活的树木，它的几千条根须从地下的泥土中汲取营养，同时它的叶片从拂过的每一阵清风中吸入气体，才能建造出纤维组织——同样，人的头脑也需要通过训练从每个领域的思想中获得养料，然后用它的生命力对其进行转化，使之成为力量和大脑积淀。这对很多人来说，光是记忆量就已是一种负担。许多擅于找出正确答案的学生，大学毕业时，确实学到了书本上的知识，然而，我们基本可以断定，靠已经取得的那点成绩，他们是无法适应将来进一步的发展的。在教育的环境下有选择性地进行学习，以达到教导的目的，这看起来毋庸置疑。但事实是，信息也因教育这一目的而被误导。总体上来说，博物学的价值仅仅在于它提供的信息，而不是以一种教育手段而存在。正鉴于此，博物学常被拿来与那些废弃的语言作比较。我们并不希望将它置于其他领域研究的位置之上，尤其不希望放在古语言或数学之上，没了这两门学科，就不可能实现其他有价值的研究；我们仅仅希望通过展现它与人类的各种关联，为其争取到比目前更大的重视。

我们通常认为，一个术语的习得或是几堂讲座的概论就足以开启博物这本伟大著作的学习，然而对于古语言来说，在正式进入大学课程以前，是需要两三年的积淀的。正因如此，几乎所有毕业生都认为自己有资格教授拉丁语、希腊语或数学，然而十个中可能找不到一个敢说自己足以在博物学上指点一二。

这一系列讲义是为一门课程的讲授或单独的专题讨论而准备的，因此不免有重复之处。要避免这种情况，可能是白费劲儿。希望能得到听讲座的人的认同，包括那些真诚地提出“博物学家的工作有什么用?”这一问题的人。

鲍登学院，1860

目　录 CONTENTS

THE RELATIONS OF NATURAL HISTORY

博物学事关紧要

讲座一

博物学与智慧

在底格里斯河的河畔，屹立着一位国王的宫殿，这位国王在在世的君主中没有找到继承者，长久以来，他的臣民也不再被世界强国觊觎。2 000 多年来，尘土和垃圾已掩埋了断壁残垣，堆积在蜿蜒的走廊上，那里曾经回响着忙碌生活的脚步声。在此附近搭建帐篷的人，又或是将逝者埋葬在绕城地基土丘中的那些人，都没能发现这片遗址。然而这片掩埋了曾经的辉煌和世世代代生命的殓身之所并未能免于叨扰，那里出土了一批石板，它们从某一程度上揭示了那一时代的古老居民的思想。在一部分用来构建宫殿的石板背面，刻着国王的名字，他还在石板正面用这个国家的楔形文字镌上他的丰功伟绩。甚至在陶瓦上也印着一些名字或是故事。为什么这些巨大的石块要被锯开，沿着底格里斯河顺流而下，或是由骆驼驮着，接着再穿过大洋出现在我们的博物馆里？我们是否如其制造者一样，祈祷这些古代的神祇能带给我们富饶多产的土地和战争的胜利？我们并不相信它们具有拯救和毁灭的神力。那么，学者们为什么要熬得双眼困乏，脑袋胀痛，埋头沉浸于这些破旧残缺的碑文之中？他们是想从中发现在其他语言中未曾读到的智慧吗？还是要通过这样的努力，在艺术或科学上有所发现，借以延长人类的寿命、减缓病痛？还是用来增加生活的舒适？都不是。这些古老的神祇，对我们来说仅仅是石头而已——不过是由黏土和石膏混合的脆弱石板；那些神秘的锥体毫无意义，上面的雕刻相当粗糙，碑文也不过是自负的国王们毫无根据的自我吹嘘，就如同自誉为“太阳的兄弟”一样毫无意义。然而，在这些古老的大理石上的每一行文字里都记录了一种思想；无论它意义非凡还是一钱不值，我们都希望借此来揭开人类历史的伟大背景。正是对思想的探寻才使得在尼尼微（Nineveh）[1]

① 尼尼微过去是美索不达米亚地区古亚述的一个城市，坐落在现在的伊拉克北部。

的土堆上花费的所有的劳动具有意义——它让所有付出免受“孩童式的胡闹”指责，并使每一个新发现都符合共同利益。它的意义并不在于这些新发现的石块或是上面的碑文的意义为道德或哲学注入了新见解，或为科学提供了新的实例；然而，在那里，在那些雕像上、大理石安放的位置中以及上面的碑文里，存在着另一种思想，或是思想所集聚的光束，这些光束使得这一重大的历史视角变得清晰明了，它们在此汇集，也由此消失在黑暗之中。因此，出于这样的因由，我们期望在我们国家的土堆中拼凑出一个消亡的民族的遗迹。我们收集他们粗糙的用具，即使是破损的陶器也成了瑰宝：用这一切来冲破遮挡其起源和历史的神秘卷帘——如果可能，哪怕是能一瞥长长的历史画廊中破碎的光束也好。这些历史早在哥伦布生活的年代前就已消逝，以至于关于印度的传统连一个门廊也未曾留给我们，以帮我们进行重塑①。

这是人类的本能。只要有思想的线索，他就想要探究。思想的土壤是思考者的家园，人类的家园；只要不是

① 作者生活的年代应该清楚哥伦布发现的是“新大陆”而不是印度。——译者注

邪恶的，任何能展示思想的东西，都不会被人类看作是毫无用处的。他绝不会这样看，因为他的思考本能不允许。至今他可能也从未通过分析他的智力去了解，是什么驱使他做这样或那样的探索。他也可能无法满意地答复提出这一问题的人。但是，他清楚这是有用途的，正如他清楚食物能为身体提供能量，尽管他可能很乐意忽视被称之为“胃”的器官，也完全不了解碳氮化合物的特殊功效。他无法说出食物是如何起作用的，但是出于食欲，他会继续吃，为了满足这种渴求，为了身体本身。在科学产生之前，这种欲望指引着人类。正如现代科学光芒的引导一样，可以肯定，在亨特（Hunter）[①] 和李比希（Liebig）的年代之前，这种渴求便将人类引向了正确的方向。于是，对脑力的欲求，也驱使人类在废墟中挖掘，拂去古老的石板上的泥土，将展现人类智慧的每一块遗迹都如珍珠般收集起来，仔细查看自然界存在的每一种物质——水晶和花朵——还有动物，从最庞大的到最微小的生物——现存的，还有那些长眠于石床里的——这种渴求将人类引向了正确的方向。尽管这无法使他们免于讥讽，也无法形成有力的论据证明那些他们深信的东西，他们仍在这种渴求

---

① 指 John Hunter（1728—1793），苏格兰著名科学家和医生。——译者注

的引领下付出劳动。

正是博物学的这一真相——对思维的展现——使得从亚里士多德时期到今天，无数才华横溢的智者倾其一生为此探索。正是这一魅力让他们无法割舍这份工作，让他们为每一次发现雀跃。在亚里士多德这位动物学大师最新的著作中，他在三十三章的每一章开头都将其发现归结为是对造物主思维的阐述，在此之前，博物学的这一魅力从未得到过更彻底的认识。不同于炼金术士，他没有声称自己发明了金子并将它捧到我们艳羡的注视之中。他呈上光芒闪耀的矿石，并说，我发现了它，然而它的纯度却是由上帝所倾注。

几个世纪耐心的探索使得广阔的矿层清晰地展现在我们面前；然而，正是这些纯粹的、相同的、闪烁着的矿石微粒——上帝的奇思妙想，引领着早期的探索者们在四散的、微小的颗粒中去发现它们。而普罗大众们，尽管从砂矿的边缘走过，却什么也看不见。我们迈向了更丰富的领域——博物学的探索牵涉到那么多的领域，它将在教学课程中占据一席之地——它如此重要，我们或可一究它在思维、情感、客观世界以及信仰方面与人类的关系；或者，换言之，博物学之于思维、品位、财富和信仰的意义。

它与财富的关系是普通民众最为关心的，甚至有人嚷嚷着它应该替代其他学科的学习。他们这样要求并非因为他们认为作为对头脑的训练，博物学比欧几里得（Euclid）或贺拉斯（Horace）或修昔德底斯（Thucydides）的学说更好，而是他们看到了对一个像我们这样矿藏丰富的国家，这可能是一条通往财富的渠道。他们评估的基础是它在短期内所产生的金钱回报，显然也正是这一现象驱使他们迫切地想要研究博物学与矿物之间的关联；与此同时，他们和以往的人一样，认为解剖鱼类、捕捉虫子和蝴蝶，甚至，用一整本书来描绘乌龟蛋是荒谬可笑的。从他们必定会在博物学中挑选的门类里，我们获得了理解他们惯常问题的关键："它有什么用?"简单来说就是，它能兑现多少现钱？它的收益能超过银行股份或政府（债券）的5%吗？一位审慎的父亲争辩道："我希望，给我儿子1 000美金的话，这笔钱的投资必须安全，它才能有60美金的年收益。我应该将它放在储蓄银行的金库里，还是以博物学的形式植入我儿子的大脑里呢?"对他而言，这只是理性投资的问题。他在他儿子的大脑、石头拱门（金库）和木头箱子之间斟酌，到底哪里更适合投资。如果木头箱子确定能带来半年的红利，那钱就放在那里，而儿子大脑的殿堂依然是空的。

至于与宗教的关联，理由一开始就显而易见，也得到了良好的呈现，甚至那些一开始并不相信这一伟大启示的人也承认博物学和宗教之间的某种联系。不难看出，从目前所呈现的理由看起来，它还承载着一些其他的、更重要的意义。

然而，另外两个主题——智慧与品位——与博物学的关联，还没有得到恰当的阐释，因此，就这两点，都应有更好的说明。对前者，博物学与智慧的关系，这一次我打算谈谈。而且我们相信，仅仅就这个主题而言，它就能证明世世代代的博物学家为之倾注的热情和汗水是值得的，也能让我们理解为什么他们会如此不遗余力，直到大自然中的每一种物质都被探索出来，直到揭示出这些物质所被赋予的意义。

我无须在此停驻以解释智慧远比金钱对人类更有意义——金钱仅仅是获得收益的一种途径而已，而陶冶过的心智，不仅仅是一种途径，它本身就是一个结果，一种有价值的收获。因为，在对心智的磨炼中，人类通过“享有”这一行为，不断地扩大享有的范围。它所带来的“收益”不会掺杂必定伴随财富而来的焦虑。人类通过智慧已达到无可企及的高度，金钱和地位已不能为其影响力锦上添花，而贫困既不能对其削减丝毫，更无法磨灭其享有的尊重。我们从不会将财富与牛顿（Newton）、居维叶（Cuvier）和洪堡（Humboldt）联系在一起。他们的影响力已大到并非贫困或富有所能言及。官职并不能给予他们高尚。除道德罪孽以外，没有什么可以动摇他们所占据的智慧宝座。他们其中一人研究天体；另一人从蒙马特的化石中鉴定出一个物种；还有一人仔细观测了每一地域的各个领域，他常伴君侧，也是整个民族的骄傲[①]。他们的成就并非完全归结于对大自然的研究，但上帝赋予他们的伟大智慧却是在对大自然的研究中物尽其用，也获得了不断提升的途径。他们在大自然中穿行，如伴着大师漫步的学者一般，倾听他的思绪，在质疑处恭敬地提出问题。因为，在大自然中包含着智慧——无上智慧所做出的安排书写在每一颗星辰和每一座山峰之上，不断被揭示——在每一片土地和水域，在蔓延的花朵上，在闪烁的沙粒

① 此书写成后便离世了。

上——对她的启示，他们从未感到厌倦，也从未超越她的睿智，终了却觉得自己不过是她的孩子。

你可能会认为，这些人——这些每每提及便不免让人肃然起敬的人——他们的人生便足以确保博物研究不会被忽视，然而他们的赞誉中笼统认可之物，远不足以涵盖博物学家们倾其一生所研究的众多对象。别人可能告诉我们，牛顿是个天文学家，在星球间穿梭和在泥巴和水塘里研究微生物的博物学完全是两码事。确实如此，现在，对我们来说，牛顿总是被天体的圣光环绕着，但他还未被吹捧上天时，他吹起的肥皂泡泡，在他邻居眼里毫无用处，也曾引得他们对他怜悯惋惜。可这些行为随之所引发的结论对人们来说又是何等庄严凝重！不过这更多的是对牛顿而言，而非对这些人了。在颤动的肥皂泡泡的光谱中，他看到了这些新奇事物的定律以及由此可能引发的结论散发着美妙的魔力——如果我们可以用“新奇事物”（novelty）这个乏味的词来描绘当一种新的关联或者自然法则在脑中闪现时，睿智的脑海里每一根神经被激起的那种情感的快乐的话。正如牛顿的肥皂泡一样，博物学家谦卑的工作自我昭示的一刻终将到来。对此，我们非常肯定，因为在每一个被创造的事物中——在每一次波浪抛起的无数生命中；在傍晚天空中萦绕着的发出令人昏昏欲睡的嗡嗡声的甲壳虫身上；在缓缓爬行的蠕虫身上；在苔藓和霉菌中——都有上帝的意志。我们确信，上帝不屑屈尊创造之物，人类也无须屈膝探究——它定会充分地展现，引起我们的关注。我们仅仅是想加速这一进程而已。

博物学是将大地视作一个整体进行探究的，包括表面和地壳以下的一切物质。届时，我们邀你一同穿过这一宏伟庙宇的入口，在每一块石块以及它们的接缝处赏析造物者的意志。既不多，也不少，刚刚好。单独的石块上，每一条线条看起来都毫无用处，然而在拱门或圆顶上就展现出了它们真正的用途。要将所有的碎片拼接成形构成这幅伟大的画卷，任何一个色彩都不容缺失。它们就像是一些古老、宏伟的大教堂里缤纷的玻璃窗一样——从殿堂外经过的人总是无法看到成形的画面，而对殿内的人，它却呈现出华丽的色彩和一幅幅美妙的图画。

无数的日夜，我们待在图书馆里和逝去的伟人的智慧交融，收获颇多。先哲们就如照亮世界的灯塔般屹立，在他们的思想之泉里畅饮，为我们的头脑注入了力量和色彩。为一睹大师们的杰作，我们长途跋涉；然而，大自然这座殿堂在每一块土地都为我们敞开了大门，在这里，我们和“用智慧创造了这个世界”的造物主畅谈。

我们首先步入的是这座殿堂最底层的门廊——矿物王国。在此处，正如随后在上层领域会出现的情形那样，我们会仔细剖析每一个对象，也会将注意力投射到它们构成的整体——事物间的关联，或者是作为整体，与更高领域之间的关系。在整个探索过程中，我们不可能完全脱离像化学和气象学这样的相关学科。所有的博物学科彼此紧密关联，离开了其他学科的辅助，就不能对研究对象进行充分的考虑；或者说，至少，到目前为止，对这些学科的引入是为了展示出交错的线条，正如当我们想要精确地绘制地面任何领域时，总是在其四周扼要地画出毗连的领土。

在化学这门学科的帮助下，我们了解到有 62 种基本元素存在。所有这些元素都以单一形态呈现，而所有这些元素的化合物才会作为自然产物呈现，它们属于博物学的最底层领域——矿物学。事实上，在高层领域发现的也是相同的元素，但是它受到次等的力的控制而结合；化学的亲和力是在矿物质中显现出的最高等的力。地壳由几百种物质构成，物质间看起来杂乱无章地掺杂在一起，且其中很多物质形态多变。这些物质的本来面目都将在各种伪装下被识别出来。如果它们在结构上不遵循任何法则或定律，那这将是不可能的任务。因为，如果没有相互关联，对一个对象的研究将无益于对另一个对象的理解。任何区别于属性这样的排列都不过是随机的摆放而已，在任何领域都不能展现出进化的迹象。但是这些物质每一个都有它确定的规划，每一个都彼此关联。它们每一个都铭刻上了各自的特征，只要耐心研究，它们的属性都可被认知。在它们特殊的构造上都镌刻上了一个故事，那是一部自传，凝视得越久展开得就越多。这太棒了，因为造物主将赋予它们的属性以誊抄的方式进行书写——而不是像银版照相法，只给了个影子而非事物本身。在所有这些可感知的迹象中所展现出的正是上帝所赋予的属性。

曾经有一个著名的矿物学者被问到他是如何确定某个特定的天体是从天空坠落的——他为了丰富自己的陨星收藏，一掷千金。他这样回答："我在上面的每一处都看到了万能的主印上的指纹。"这样的表述听起来可能有些放肆，因它暗示着从天空坠落的这些天体上有着美妙的特性。但是，如果这样的表述可以用到陨石上，那么它同样也可以用来描述我们脚下的每一块鹅卵石。要解释这些记号，要读懂矿物王国的术语，实际上我们为脑力训练提供了最好的条件。其他的领域可能会给我们提供更高等级的锻炼。这里有着各种矿物形态——每一种都得到了完美的诠释，可认知的特性无限变幻——全部综合在一起形成了矿物领域每一种物质的标签。正如上帝以往的作品一样完美，只有最热忱的头脑积极地调动每种官能才能读懂其隐藏的内容。这种表达的特征我们已然指明，但还需详加研习，因为大自然这整本书都是以这样的语言书写的。那些在来世要阅读自然母亲她悠久、宏伟石拱上的碑文和岩洞上的诗篇的人，便绝不能鄙夷这些单独看起来毫无意义的字母，它是唯一能解锁知识泉源的钥匙。普罗大众无法享用这一源泉，尽管终其一生都在其中穿行，他们甚至都不知道它们的存在。再次，和所有领域一样，这是一门关于符号的语言。

只有将这些语言翻译过来，我们才能将其呈现，这已足以为当下所用了。这些符号是用来了解矿物质的文字。这些文字接着构成了语言，这一领域的学生世代以来通过不断发掘新的矿物质，并对已知物质做更深入的研究，不断地扩充和丰富着这门语言。我只想补充一句，正是竭尽一切付出——用尽方法绞尽脑汁地抽丝剥茧——再通过一切渠道注入知识进行阐释，才为这些符号的理解提供了快速的、清醒的思维演进的条件。

这些符号首先呈现的是晶体结构。

这是一门多么耀眼的语言。我们为其精美的文字而雀跃，即便无法理解其中单个的词汇，甚至可能意识不到，这些语言符号如上帝造物般久远，如神谕一样确定无疑，如万花筒里变换的图形一样莫测。它在每一粒沙砾中闪耀，在满载的陈列柜里闪烁，从“光明之山”迸射出的光束随着溪流欢快地向前涌动。这些宝石如星辰一般，从古至今用耀眼的光芒让人类为之欢喜；然而，却是在对夹角、解理面和轴线位置的研究中，最智慧的头脑才发现他们终其一生要投入的事业，并见识到矿物王国至深的美。

追溯思维接近真相的过程是非常有意思的。一开始，端详于各种各样的晶体结构——越来越接近贴切的表述——有时也能正确地破译一个句子，却不能确保它的正确性，也不敢贸然加入他人一道来完成整个故事，直到阿维（Haüy）[1] 偶然地碾碎了一块水晶，在破裂的碎片中发现了它的基本形态，至此，才在这门未知的语言中发现第一个表意清晰的词汇。在黑暗中摸索的人们现在终于看到了一丝光线。接着，便是数学占主导的时代，这是科学进步工具里的“常备军”。一卷卷书册中满是和博物学这一领域相关的几何问题。然而神奇的是，就像是为了隐藏和保护她神秘的魅力——让内部的基本构造不受到凡眼的窥视，她将各种物质形态藏匿于她塑造的外形之中，人类必须在巧妙的伪装之下才能发现那 13 种用以衍生和限定其他物质的基本物质形式。作为限定物，我们仅需以一种物质为例——方解石，对此布兰农伯爵（Count Brunnon）描绘了 700 种它的衍生物。为了使这些纷繁复杂的形态变得简单，沃拉斯顿（Wallaston）在测角仪中引入光线来反射角度，以辅助数学研究。一旦类别被确认，许多这样的水晶通过同样的射线来研究，在对其极性经过精确的测试后，数学演绎的可行性得到认可。至此，单是通过晶体结构这一矿物王国的特性，便使最优秀的思考者从众多劳动者中脱颖而出——这其中包括了德利尔

---

① 阿维（René Just. Haüy，1743 - 1822），法国矿物学家，晶体学创始人之一。——译者注

(De Lisle)、阿维、菲利普斯(Phillips)和沃拉斯顿。除了他们所开辟的道路再没有别的路可以通往丰富多彩的矿物王国了。即便他们已照亮每一片黑暗不明之处，即便他们已将指路牌安置于让人徘徊不定的转角，对这条道路的追随过程也是大脑能经受的最严苛的磨炼过程之一，同时，也是最正确的途径。这是在物质形态中对几何学的探索——更是在成千上万的错误来源中寻求真相。在这样的科学探索中，尽管存在各种干扰，能步向真理而不败这样的意识是鼓励学生并让他的思想为早期研究做好准备的最基本的先决条件之一，这也是那些享有这样的能力的人获得至上快乐的源泉。

单是矿物质语言这一种符号，我已进行了详尽的论述，因为它和智慧的关联贯穿于这门科学的整个进程。它激发了更多的思考，它的发现是思维更大的胜利，并且它消耗的脑力比矿物王国其他特征的总和还要多。然而，显而易见，其他的这些特征自有其用途，这也是最易于被认识到的一部分。但是，在维尔纳(Werner)[1] 这些过去的矿物学者进行了一番仔细研究后，他们的准确结论更确定

① 维尔纳(1750—1817)，德国地质学家。——译者注

了这些物质的美妙之处。更重要的发现有：光泽，以及其各种呈现方式和强度；颜色，以及各种可能的色调；透明度；折射度和磷光现象；静电和磁力；各种可能的变体下的比重；不同的硬度；聚集状态；表层，破裂、擦刮或是分解成粉末；味道和气味。如果能超越纯粹的博物学的特性，我们还可以加上由化学试剂所产生的不胜枚举的变化。罗列出各类特性的分级，除了耗费记忆力外毫无益处。哪怕是看一眼也是劳神费力。基于细微差异的测量甚少，几乎没有任何语言可以进行描述，但通过敏锐的官能，在矿物质上却可以读出这种微小的差别——只要训练得当，这种能力总是能够掌握的。于是，仅在矿物领域，我们便已拥有一种语言。对经验丰厚的人来说，从未对其含义感到质疑，然而这门语言只有通过对所有感官的不断利用和对逻辑推断能力的勤加练习才能掌握和理解。在人文教育的所有学习中，有什么学科比博物学最底端的这一领域更能为脑力的发展和训练提供更好的条件呢？

然而我们必须转向生活领域。在这里我们错过的可能是由平面和线条构成的几何形态，它由平面和线条作为分界，然而一种新的力量向我们展开，它仅用了四种元素便塑造出比整个已知的矿物领域更多的形态。这种生命力所带来的关联和演进与底层领域截然不同，在那里发现的一切对此甚至没有一丝映射——比如亲代与后代的这种关系——通过这种关系，事物被塑造成一种连续的一致形态，这是一种高于其上而非存在其中的力量——植物和动物繁衍进程中，完美与精妙在于物质的持续转变，而对晶体而言，却在于永恒。在此，我们并未超越数学定律的界限，但因其偏差远多于最复杂的晶体从而使数学定律变得模糊。怎么从每处着手都有难以计数的形式！北方的雪层下孕育了单细胞植物，而它的同族潜伏在每一个池塘中：真菌，在植株中寻觅腐烂的纤维为食；地衣和苔藓，用一片童话般的小森林和银铃在宽阔的岩石上构建出一幅美丽的图画；青草，编织出一块块绿色的地毯将其铺展到地面几乎每一寸土地之上；冷杉、卑微的桦树还有柳树，无惧山峦上的暴风雪，几乎蔓延到了永恒的雪域；松树，在幽深昏暗的森林里哀伤地轻声低吟；橡树，用力伸展着它的臂膀；橙树和枸橼，让整个空气都充溢着芬芳；宽棕榈，将其如羽翼般的叶片庄严地、静静地伸向天际；水藻，用一条无边的流苏缠绕着大海，色彩丰富而多变。混迹于其中的还有千千万万其他物种，它们构建了每一幅风景，色泽丰富，结构奇特，形态多变。这所有的一切辅助构成了更高级的生命形式——动物王国。通过一种极其精妙、难以勾勒出分界线的演变过程，从植物开始向另一极端演化，随后迸发出大量形态各异的、对周遭敏感的生命形式，它的终端是人类，被赋予了思想和理性、能够理解这一条生命锁链的人类，因为他是被指定的领主，也是它们和造物主之间的连接点。

在这些动物中，我们认识了珊瑚虫，它们以发散式的砌体结构建造出的屏障和丘体，硬度上足以抵挡海浪，宽度上足以让多个国家在上面安家栖身。水里鱼贝成群，空中飞翔着鸟类和昆虫，田野和森林里生活着更高级的族群，而岩石里留存有消失了的物种的模子和形态。除了地质时期的大量物种以外，在植物王国我们还有超过 10 万种的植物种类，在动物王国我们有超过 25 万种的动物种类。一个物种有时会展现出上千个不同的形态来，这就是多样性。部分人类思维的伟大成就正是在这一领域、在生命领域中难以计数的宿主中取得的。这是一段发展演化过程，然而只有徘徊于博物神殿的更高阶层，直至看到了伟大的主宰者为我们分好类的客观世界的那些人，他们才能充分地理解这份工程的艰巨、对脑力的巨大考验，以及一代代后继者在整个过程中所呈现的思维的发展。有人可能会说他们不过是发现了造物主的规划以及大自然已经做出的分类而已。问题的本质未变。大自然是不会做出安排的。她的确将她象征性的语言留存在神殿的每一块石头上。然而，尽管在最伟大的建筑师眼中她已趋于完美，可她的完美在于其内部的关联而非她的位置。这种关联性存在于神灵的思维之中，呈现在他的作品中，除非人类能理解它，否则它看起来便是杂乱无章的。石块散落在造物主创造它们的地方——在每一片大陆上，在大海的岛屿上，在水域的下方。而它们真正的位置却早已书写于其结构之中：从呈现出的微生物到完整的整体，每一次变化都不断被重复。然而，将这些四散的碎片集聚在一起，这样在人类面前它们才能形成一个整体，正如当初它们被创造时在无所不在的主的眼中是个完整的整体一样——通过无数博物学家的努力才得以一窥上帝的想法，这才是脑力劳动所取得的伟大成就。这一点得以实现后，总体上，就当前的博物体系划分上看，我们确信太阳就是太阳系的中心，而这些星球的真正秩序已然明了。正是这一探索，对伟大造物主思维的逐步揭示才让亚里士多德、林奈（Linnaeus）和居维叶，以及逝去的和现存的、值得一提的长长的名单上的这些博物学家们的感知力得以加速，能力得以增强。如果我们有足够的时间进行阐述，那么每一次的挣扎努力、每一次的成绩收获，都能向我们证实每一位伟大的博物学家经历过的那种绞尽脑汁的思考、劳心费神的钻研和大量的信息归纳的过程。他们每个人都在一定层面取得了成功而在另一些层面存在失误，因为生命的长度不足以正确地识别每一个符号，或者是因为他试图用手上的材料塑造一个拱门，而拱心石却产于另一个大陆，留存在那里等待更幸运的工匠去发掘。这一门满是符号的语言，通过这种形式被强制性地贯穿于整个设计之中，和矿物王国中我们提到的同属一类，只是被修饰过，变得更加隐晦。没有任何其他的研究需要人类长时间的体力劳作并暴露于自然之中。除了对黄金的渴求，再没有别的世俗的利益可以将人送上如此长久而危险的旅程。它占据了人类的思维，连舒适都被遗忘了，除非是作为一种工具，金钱也会受到鄙夷：在这份事业追求中，金钱片刻也不曾用来对比所取得的进展。

当阿加西（Agassiz）说“他不能用他的时间来赚钱”时，他表达了所有真正的博物学家的感受。林奈不仅激发了自己的思维和身体去探索，疲惫和疾病几乎都被抛之脑后，他还点燃了学生们的热情，这种热情让学生们为了他们的老师，当然也为了他们自己，跑遍世界四处搜寻以为博物这本书留下新的字句。

有一门学科，它囊括了博物学的整个范畴，它最智慧的成就被保存受用至今，在此，人类大脑需要解决物质世界最宏大的问题。从山峦和峡谷中，智慧的光芒慢慢升起照入人类的思维，伟大的真实得以建立；在大地的怀抱里，在石化的书页里，满是奇怪的碑文，它们是难以计数的民族的档案。她真正的记录就被书写在那里，在看起来杂乱无章的表象下一切井然有序。

考古的学生并没有词典可查找、理解这些深埋地下的古老城池中的砖块和石板上的奇怪碑文。它们的雕刻者以及书写和使用这门语言的人已经不在了：在既成的文本上不会再增加一个字，在这些不变的、也无法被改变的文本上，必须要找到解锁其意义的钥匙。不仅要在大地岩石上的碑文中去寻找。镌刻在上面的语言，上帝年复一年不断地重复，他用它来描绘阳光和风暴，也用它来讲述现存的或是消亡了的各类动植物。博物学的学生们已掌握了这门语言。当他们翻开石头书页，这些语言形式确实奇怪且老式，就像是我们图书馆里古老的哥特式黑体字的书卷一般，然而它还是同一门语言；它是世世代代博物学家的母语。在这一领域刚取得的知识收获就没有必要赘述了。最能耐的领袖还未卸下铠甲。但 50 年来，都没有出现像地质学这样的思索领域；没有一门学科可以让大众的关注集体转向；没有一门学科可以摒除更多的偏见；没有一个领域可以营造一个这样的背景，让思维停驻，甚至穿越时空追溯过去；没有一门学科像这样，在探索的过程中能给予大脑更多的力量。

至此，我们已讨论了为揭示大自然的宏图所经历的思维探索；但是，在对逝去的伟人造成了深远影响后，博物学的任务是否就完结了呢？还是说它才刚刚显露出它对思维的影响力？前面提到过的人，不管做什么都能成就伟业。他们是曙光，无疑他们在其研究领域会更加光芒四射。他们的成就是否仍能加速并强化追随者的思维？还是说这项工作已一劳永逸地完结了，我们除了崇拜巨人们的成就便无事可做，甚至也用不着从赋予了他们智慧活力的那口泉水中汲取一些力量了？

如无失误的话，博物学的影响力就像是破晓的曙光一般，才刚刚开始。沿着典藏丰厚的图书馆的书架望去，看看那些记录了至今为之付出努力的卷章。老普林尼

(Pliny)、林奈、柯比(Kirby)、奥杜邦(Audubon)、赖尔(Lyell)、默契森(Murchison)、阿加西等等，书卷里列满了他们的著作。在其他什么样的学院你还能找到更深刻的问题供思考?或是对每一代人都更具吸引力的主题?我们还可以进一步列举证实，没有任何书籍门类更让人想要热切地求知或广泛地研习。博物学对平凡大众或是学者来说都是无法超越的。还有比奥杜邦和威尔逊(Wilson)的著作更令人沉醉的描述吗?有比米勒(Miller)的作品更能带来启发的吗?什么样的作者会比分类法的作者们更需要深刻的思考和对脑力的更大磨炼?什么样的工作能像晚期的地质学家们那样激发更独立的工作和大胆的观点?

然而，作为一种教育力量，博物学对智力的重要性在它的研究模式中体现得淋漓尽致:它呈现的对象、它磨炼的能力、过程的准确性和结果的壮观。

它将人们吸引到田野中去，用实物而不是仅仅借名称来教导他们。这些名称被培根称为“愚昧的术语和肤浅的凝视”。因此，它将思想和行动统一到一起;和单一的书本学习比起来，它赋予了前者活力，给予了后者健壮的体格与力量。对它的学习才真正称得上节省时间的教学，因为当其他书本必须得关上时，博物这本书却是永远开放的；而且对它的主题思索在闲庭信步时，匆忙赶路时，又或是在路边休憩时都能浮现于眼前。即便是在飞驰的机车上也很难混淆路边那一簇簇、一群群的形态。我们的知识在碎片时间里增长；生命中很大部分不至于被浪费，就像是角落处和庭院边缘处的花圃，出现在被忽略的地方更觉美丽。

在这片大地上，没有一处不屹立着博物这座图书馆的壁龛，那里满是书卷，足以为生活所用。这里的研究总是第一手的。我们手中的书本或许对物种类别进行了描述，然而对要研究的个体仍然需要从各个特征着手。描述必须运用于实际；而在不断变化的生命形态中，这一过程无法通过机械的重复来实现；这必须得通过脑力去感知所有特性和关联作为整体呈现时的那一刻。通过对实物的参照，就可以判定理论学说出错的第一步了，正如通过对基准线的测量就可以检验工程师所计算出来的距离和角度。通过将洞悉能力持续不断地运用到实践中作为检测毫无根据的臆测手段，这使它区别于纯粹形而上学的研究。正如数学通过相关的几何图形和代数符号，迫使思维沿着铁轨必要的既定路线运行，博物学驱使思维进行自我引导。在它启动前，它必须在此找到那条轨迹，让自己就位，但不是依靠机车车轮的轮缘，而是靠敏锐的眼光和走绳索者般准确的平衡。尽管如此，与此同时，它也给予了行动的自由，它对准确性有要求，在不断的测试中自我纠正。它并非只存在于大师的理想里，当我们无法理解、领悟或者说欣赏大师的视角时，他怜悯我们缺乏理性的洞察力；相反，它涉及的事物都有外部的客观存在形式，任何被赋予了五官官能的人都可以理解和研究这些对象。它们可以被收集在陈列柜里，因此我们可以检验林奈描绘过的同一株植物，或是居维叶研究过的同一块骨头。

博物学需要对其他学科知识娴熟的掌握，并通过每天的使用增加同类学科知识的数量和准确性。在学科术语方面，需要精通对词的运用以及其合成词的词法。考虑到地质力、形态的构建规律和各部分的位置，只有通过数学的辅助我们才能获得更清晰的理解。针对更高层的分类问题，形而上学的思辨有了用武之地，它被用到了物质形态上而不是想象出来的事物或者抽象的术语上。化学精细的实验和光学近乎魔法的功效不断被使用。人们忽略了其他学科的研究，但事实上，他们已经成了博物学家；这些人已取得卓越的成就，尽管他们还存在失误；从这方面讲，学生不要去跟从，就像对富兰克林，不要因为他成了政治家和哲学家，就去重复他少年时期的错误。

博物学所呈现的事物种类繁多且不乏趣味，还层出不穷。大地和水域中未被研究的形态还很丰富，手术刀和显微镜总能在旧事物中揭示新奇观。总体上讲，它们自身就很美妙，和其相关之物也很美好，因此，不间断的新趣味总让大脑感到轻松，而不会因凝思探究而疲乏。它们每天都出现在眼前，吸引我们一再回顾。合上书本，束之高阁，尘埃日丰时，其他的研究可能会被遗忘，然而花草和树木却不可能这样轻易地被置之一旁。每一天，它们都会凸显在眼前，昆虫和鸟儿的鸣叫也会在耳边萦绕。如果冬日的严寒将它们从那个季节驱赶，那么春天，它们会带着优美的旋律回归，并填满每一棵树和灌木丛的缝隙来弥补它们的缺席。有谁听说过博物学家会忘记或者失去对所研究领域的兴趣？那些识得了一连串生僻的名称而满心雀跃的人，常常误以为这就是博物学，他们定会失去这种乐趣，随之而去的还有其他单靠记忆学到的知识。能叫出一陈列柜名称的人，是不能被称为博物学家的，就像仅在希腊词典里学会了 100 个单词的人不能被称为语言学家一样。这样的知识不值得这样劳神费力。对此，唯一让人的欣慰的是，背诵者很快就忘了，也不会被困扰太久。然而，那些曾一睹真正的蓝图并认识到事物之间关联的人才是博物学家，尽管他整日在一堆不知名的动物和植物中穿行；而关于这个蓝图和关联的知识是不会被遗忘的，反而会随着眼睛看到的每一个新事物而增加。

当大脑留意到大自然所勾画的奇妙差异时，它定会借助到每一种感官。它一定会看到骨头上的细胞和鳞片上形成的闪烁着微光的线条，以及叶片的脉络和晶体形成的角度。通过被不断的运用，五官官能得到大幅度的改变，仿佛焕然一新。差异被标注，真相的线索也被收集起来，这些都是未经操练的感官所无法感知的，未经训练的思维也无法赏析。

这说明了博物学家最重要的付出通常会被轻视的原因。眼睛一眨不眨地观察微生物和岩石上细微纹路到几欲失明，这有什么必要呢？因为它们是链条中的节点——是宏伟画卷中的色彩。博物学家忽略了这些微小的、看起来毫无用处的事物，就像是语言学家忽略了希腊语中的气息和音调，天文学家忽略了一秒钟的片段。当博物学家研究这幅壮观的自然油画上那些微妙的阴影时，人们若嘲笑他，就如同对画家传世巨作上的精细笔触嗤之以鼻，或是对雕刻家为了能达到传神的展现用他的凿子刻出的每一处痕迹都不屑一顾。正是通过这些明暗的层叠，各个部分才构成了一个和谐的整体，对其凝视，不仅使思维欢愉，也使其获得了实质的训练。

在对思维的训练过程中，准确性是最需要培养的品质之一。缺乏这一元素，书写再多的卷宗也毫无价值。参照这样的卷宗，我们感到不踏实。在任何工作中，如果缺乏准确性这一习惯的引导，再优秀的人才终其一生的努力也不会有宝贵的收获。基于假设的想法是永远无法赢得别人的信任的，同时，对一个热切地想要了解自己缺陷的人，自身对此也不会满意。在每一种爱好中，我们都感受到了它的重要性。我们愿意将人生和境遇托付于行事严谨的人。如果我们想要传导最崇高的精神文化，学习者必须学会审视每一种关系并在他们所负责的事物上标识出最微小的差异。对少数受到眷顾的人来说，这可能是与生俱来的天分，但是对大多数人来说，只有通过严谨的训练才能掌握。在挑选出来作为教育的每一个研究科目中，要确保准确性这一特点在所有的思维进程中都被看作是最最重要的。在最开明的进程中，从整个研究范畴来看，再找不出比眼下正研究的博物学更需要准确性且更能全面确保其准确性的学科了。看看植物学家就知道，他关注每一根绒毛、纹理和细胞，他利用显微镜探究生命这一神秘的实验室，追溯组织的接缝和最微小的植物器官的构造。从这个层面上讲，动物学家也毫不逊色。他研究了数千种微小的生命形态——鳞片上的波形线和骨骼上的细胞——卵子的细胞、纹理和组织，从最初的一抹暗红、象征生命的色彩直至每一次裂变的完成。它所赋予的效力和准确性也反映在化石里零散地留存着的动植物的碎片上。作为教育的一部分，准确性的作用和因此形成的习惯贯穿于生命的所有进程。

对于研究的另一要求是，它必须让人眼界宽广，对所追求的事业要开明。如果准确度让人思维局限那就代价惨重了，这样的话，除了在特定的领域内，它便不能带来任何好处了。博物学每天都需要运用到几乎所有其他领域的人类知识。它对此需求度之高，其他知识的地位不可能被忽视，它们的价值也不会被低估。

约翰·赫歇尔爵士（Sir John Herschel）认为，就影响力的深远来说，地质学仅次于他自己最喜欢的研究——

天文学。洪堡的知识面毫无疑问不输于历史上的任何人，他深知对视野的宽广和完整性来说哪些研究是必不可少的，他认为要获得准确度和智力的发展，对博物学一个微不足道的分支的研究也不逊于对宇宙的崇高探索。

他说："天文学家在太阳仪或是双折射棱镜的辅助下测量行星的直径，他年复一年耐心地测量子午线的纬度和星体的相对距离，或是在一团星云中搜寻一个微小的彗星——这些都是他工作精确的保障——但他并不觉得他的想象空间比植物学家的更令人兴奋。植物学家为花萼的分裂记数，或是记数一朵花里雄蕊的数量，还有就是观察地衣荚膜附近闭合或分裂的口缘齿。"然而，一边靠多角度的测量，另一边详细记录有机体的关联，它们共同为获取宇宙法则的更高视角铺平道路。

正是考虑到博物学能带来这么多的好处，才让年轻一代着手学习。它或许不能为他们带来金钱，却能为他们打开新的兴趣渠道。博物学将会是一本翻不完的书卷，让人读起来赏心悦目；但绝不仅仅是一套让人感叹惊艳的图片画册，那只会是像孩童学习识字课本一样，不考虑故事情节，或者至少说没有那个赏析能力。千万人感叹如松软的绿地毯一般覆盖在大地上的地衣的华美，然而当洪堡发现它低垂的孢蒴上最微小的特征时，这种美就像在宇宙和声中发现了一个新的音符一般妙不可言。

如果我们此时看看那些备受敬仰的长长的人名录，那些将整个一生奉献给博物学的研究者们；如果看看现在记载了他们的付出的书卷和陈列柜；如果我们看看这门学科的研究对感知能力的培养；如果我们看看这一准确的进程和辉煌的成果；最重要的是，如果我们能看到这多种多样的形态正是上帝在用物质形式表达他的思想——我们将获得一种不需要任何具体的托词来支撑的力量，那就是，博物学值得人类用被赋予的所有能力将其作为训练智力的途径，或是作为最令人快乐的演练场所。

讲座二

博物学与品位

所有被创造之物都是一个相互关联的整体。它们不单单是一个简单的链条；如果进行成组的研究就会发现，如构成拱门的石头一样，每一个组群都不是独立存在的，它们也成为其他事物存在的条件。对所有有机或是无机的合成物的各种物质形态来说，这都是确凿无疑的事实。“相互依赖性”这一概念太过广泛，因此我们不可能通过推理得出在时间、空间、物质和力范畴内都成立的绝对真理。我们会尽可能地向着每一个方向进行深入探索，然而大脑仍然会寻求更间接的原因，更初级的条件。但是，让思维依赖于一个单一的观点或者只考虑一个单一的条件，这个观点和条件就会被放大；尽管它不太可能会变成绝对因素，也可能被假定得过于重要，在我们看来它可能就成了这个世界所依托的地图册。这一连串的事物都是一个完美拱门中的石头而已。我们观赏这些石头，发现它们对整个构造的成立是必不可少的，然而我们忘记了，在世间万物的其他弧线中，也是如此。将我们感兴趣或研究的所有对象看作是其他事物存在的条件，而不考虑它们自身也依赖于其他事物，这种倾向在每一种事业爱好中都存在；或许没有人在他的教育过程中可以思维开阔到完全脱离这一倾向。因此，对博物学的研究正是取决于观察者的立足点进行判断和引导。对功效的衡量每个人都有把尺子，当他这样测量时，博物学对他是有价值的，而且这种价值似乎还在不断地延展。在浅薄的商人眼里，金钱是万物的希望，是一切的动力，一切所欲之物皆有价格。力学原理对他来说有什么意义？不过是用来保障他的仓库足够结实，机械设备更适于工作。天文学有什么用？不过是用来指引船只，缩短航程和减少安防措施。博物学有什么益处？不过是从大地的土壤中收获更丰富的物产，发掘更多的煤矿，将其变成一个巨大的铸币银行，总能免费贴现却永远无须支付。短视狭隘的学生询问博物学与智慧的关联，他到底能多大限度地锻炼和开发自己的思维？艺术家境界高一些，他将其情感属性，也就是美感本身激发的爱与享受，放到了关于财富的所有论调和对智慧的纯粹设想之上。对他来说，博物学有着如宇宙般宏伟的价值，它展示了一种想法，并用秩序、比例和壮观这些变幻多端的表达方式和思维进行交流，由此唤醒有关美和崇高的情感。这些确实都源于非常宽泛的理解，很难被称之为对博物学的研究；然而，正是对每一个特殊部分的研究才激发出了灵魂更浓烈的享受，就像音乐中上等的音色使整个和声更加美妙、丰富。然而，超越对物质美的所有感知和所有事物综合起来带来的欢愉，从更高层次上讲，便是精神本质和对道德美感的意识。和这比起来，如果没有附加条件，其他所有幸福源泉都必定相形失色，因为正是朝着这个方向，人类才最接近于造物主，也正是在他的厚爱下人类才得以存在。对那些仅从人类更高层次的精神和道德本质去考虑的人来说，这个物质世界不过是神圣的天启。这对他们来说不仅仅是博物学的最高价值体现，而且，相比之下，其他任何目的即便没有受到鄙夷，也会被看轻。人们至此应该从不同的视角来看待事实，并且因为一生的凝视而对某一侧面难以自拔，这对这个世界来说倒是件好事，可对个体来说却绝非如此。1 000 个思维从 1 000 个不同的角度注视着同一个对象，综合起来，一定比一个人从一个点移向另一个点了解得要多。1 000 个人若愿意将注意力铆定在一个点上，直至最微小的客观对象占据他们的整个视野，一定会为这个世界带来更大的进步，但是，这是以牺牲个人发展为前提的。视野越宽广，越正确。这样思维自身才能实现平衡，才能一览整个相关范畴，让每一种思维能力和每一个博物领域都适得其所。只有当拱心石被安置在最高点时，石拱门才会完美。在学习博物学时，它和人类的所有关联都应被考虑到。正如我们所展示的那样，智力在这里找到了适宜其成长的土壤。如同一棵粗壮的大树一样，在这里它才能将根须扎得更深，长出茁壮的树干，伸展出繁茂的枝干，承载黄澄澄的硕果。同样，在这里，品位也可能像纯粹的智慧文化一样，在同样有利的环境下蓬勃生长；就像是缘着橡树生长的藤蔓和草原玫瑰一样，优雅地缠绕，并在宽广、牢靠的智慧枝干上以一种难以言说之美铺展开去，成为永恒的点缀。

这次我想要谈的是博物学和品位之间的关系。

人，生而爱美。我们说的美仅指单纯的注视带来的愉悦之感——一种无须考虑其实际效用的钦慕，甚至，我们都道不出产生这种仰慕的缘由。在我们分析情感本质时发现，由美丽和壮观所激起的情感可以以简单或者复杂的方式表述，但是，阿利森（Allison）说："它们不同于我们天性中的其他快感。""能带来这种情感的事物在几乎所有人类知识等级中都能找到，而这种情感本身也为人类的欢愉带来了一种最广泛的源泉。在形态万千的风景中，在人类大脑里千变万化的性情和情感中，它们都会产生。"

"人类创造的所有最令人心旷神怡的技艺共同引导着他们的兴趣爱好。天才将美和实用性统一在一起，这使得那些必不可少的技艺也升华得庄重。从最早期的社群到它演进的最后阶段，它们都为个人生活提供了纯洁和高雅的娱乐，与此同时，它们也增添了民族特色的风采；在民族和个人的发展进程中，一方面它们以其带来的欢愉吸引人们的注意力，另一方面，它们也促使人类思想从物质的需求向精神的追求迈进。"

让我们感知到这些特征并享受这种美好和庄严的情感的大脑功能和组织，就是品位。它本身就是思维花园中的一株美妙的植物，但在这个功利主义的时代，它在横冲直撞中被碾碎和鄙夷。它通常被学者忽略，基督徒也将它作为堕落象征的粗鄙野草哀悼。

对个体来说，这一官能所带来的愉悦永远是那么新鲜和怡人。然而，尽管每一种感知美的情感都让灵魂在愉快中陶醉，但它却如一波波的涟漪般袭来，只是让感受到它的人清楚地意识到它的意义和发人深思的力量。因此，就这一感悟力而言，个人的成长和获得的快乐，没人能为他人核算。我们无法对这些更高层次的财富开列清单，无疑，这完全不同于人类清理物质财富的方式。然而对于我们这个种族却有一种对品鉴力的外在表达方式，它永久性地记录下了它的发展进程，那就是美术。如果它们不是品位自身的产物，那至少其中一部分，是天才为了满足品位的需求而创作的；天才的最高理想就是为了得到她的认可。在这一女神的召唤下，它竭尽所能向她致以敬意，它带着中世纪骑士般的献身精神振翅高飞。为满足她的需求，很多艺术被创造并非为了满足肉体的需求，而是为了得到她的认同，在这其中，我们从单纯的实用上升到了精致。

大脑需要语言仅仅是为了用它清晰、精确地阐述思想。但是在品位的要求下，天才将语言编织成诗歌这张华丽的网线，金子般的线条闪闪发光，上面被漆上了你可以幻想的最梦幻的色调，这是想象力能融合的最怡人的形态。即便是普通人的语言表达也被宝石和鲜花装饰起来。授她之命，音乐从原始乐器刺耳的摩擦声幻化成大教堂风琴变幻多端的曲调和奥雷·布尔（Ole Bull）神奇的琴弓。为讨她欢心，绘画和雕刻大军征募了拉斐尔（Raphael）的画笔和米开朗琪罗（Michael Angelo）的凿子。为了她，建筑领域里雕花圆柱拔地而起，凹凸造型展现，拱门横跨。经唐宁（Downing）的天才之手，冷杉替代了荆棘，野蔷薇覆盖了棘刺，风景园林展现出了一幅迷人的景象。

以最低劣的形态呈现的这些艺术品，只配直接为人类的物质欲求服务。然而，正是在更高级的精神需求，对美感的追求的驱使下，大师们才使它们呈现出目前完美的状态。它们所具备的无论是什么样的美观和崇高，都是为了满足品位的需求。从博物学中我们可以了解到它们被赋予了什么样的草图。天才在探索思维的过程中，只有当他将晶体、花卉和多姿多彩的生命形态这些自身就很美妙的事物融入无形的美感中，他的任务才算完结；与此同时，还要融入这些事物超越了感官感知能力的更高层次的象征意义的美感。品位带领着她的使徒为这条道路留下了标记，借此我们可以获悉她行进的方向，也可以了解博物学在建设过程中能提供多少材料，或者能在多大程度上为她所要求的华美结构作装点。

语言对思维的文饰不仅仅是出于表达的需要——这一部分是应品位而生——是天赋最杰出的成就之一，从这一点来说，博物界的对象值得更深入的研究。它们本身不仅唤醒了和品位相关的每一种情感，而且，单靠它们，我们已表达出了我们能理解的更高尚的道德感悟以及与思维相关的情感。连上帝都是通过这些事物来传达戒律，揭示他的意志，表明他对教堂的颂扬；就目前我们看到的一切，就算真的有别的方式，也没有比这展现得更彻底的了。扫视一眼你最喜欢的作者们——诗人，他们甜美的吟唱悠扬精致，令你陶醉、享受；演说家，他们语言之精炼让每一位听众深深着迷——看到他们多么感激从大自然中提炼的符号了吗？他们的语言可能靠语法和逻辑串联；他们可能靠推理论断来使听众信服；他们激发兴趣以唤醒意志——但当他们想用美妙让人陶醉时，他们必须从博物学的宝石和花朵中寻求灵感。

为美化语言，他们确实从博物界借鉴了许多，但那并非严格意义上的博物学。在文学作品中闪烁的星辰和在天空中一样璀璨。猎户座形成的光带、招人喜欢的昴宿星团还有其他所有著名的星座，都为几乎每一门语言增添光彩。对此，博物学家不敢自恃学识。有人会说，这些作者大量地、成功地借鉴了博物界的事物，但他们并不是博物学家。对那些他们从未见过的对象，他们可能并没有从书本上了解过——他们可能对林奈的术语和裕苏（Jussieu）的分类一无所知。他们可能连一个科学术语也说不出，然而每一个最打动我们的作者都是用科学般的视角在观察，他们的描述如博物学家一般准确。那些栩栩如生、细致入微的描述正展现了他们的观察技巧和能力。即便是在还未被白人的恶行践踏的蛮荒时代也不乏例子。他的作品让在学校里受过严格训练的观察者汗颜，此外，仅凭肉眼他便标识出了一些即便是显微镜也很难向我们展示的微妙差异。这些自然物种不仅为他的独木舟提供了雅致的模型，在没有底样的情况下，造就了珠饰上精致的花纹，还赋予了他语言表达的符号。他的语言像叶片般丰富，如玫瑰和紫罗兰一般绚烂，还有着老鹰般的敏捷，雏鹿般的柔弱和蛇一般的鬼祟。他的语言这般变幻多彩，这都取自博物界的事物，他书写的每一件作品都必定从同样的源泉获取了灵感。

诗人反复吟咏着印第安人的传奇故事和习俗，“就像是亲口听那瓦达哈瀑布（Nawadaha）述说一般”，他发现它们：

“在森林中小鸟的窝巢里，
在河狸的屋舍里，
在野牛的蹄印中，
在老鹰的窠臼中。”

印第安人关于冬天和春季的寓言完美地阐释了他们对博物界无边的想象。

“当我抖动我灰白的长发，
老人黝黑的面颊上眉头紧锁，他说道，
苍茫大地白雪皑皑，
树枝上所有的叶片
掉落、凋谢、死去、枯萎；
我还在呼吸，哦，你瞧！它们却没有！
从江河湖泊和沼泽中
野雁和苍鹭振翅飞翔——

飞向遥远的地方。”

****

“当我抖动我丝滑的发卷，

年轻人，温柔地笑着说道，

温暖、怡人的阵雨坠落，

植物欣喜地昂起了头；

野雁和苍鹭

回到了它们的湖泊和沼泽，

燕子队列整齐，归心似箭，

蓝鸲和知更鸟在放声歌唱。

我的步履漫步之处，

所有草甸在花浪中摇曳，

所有林木在乐声中歌唱，

所有树木枝繁叶茂。”

“这时，老人低声不语，

空气日渐温暖、舒适，

在小棚屋上

蓝鸲和知更鸟歌声甜美；

小溪开始喃喃自语，

日渐葱郁的草地的清香
穿过小屋轻轻飘送；
司格旺号（Segwun）[①]，这个朝气蓬勃的陌生人，
在日光下更加与众不同，
他看见了面前这张冷峻的面容——
这是冬天的蓬勃安湖（Peboan）。
泪水从他眼中滑落，
就像是湖泊融化时的溪流，
他的身体开始佝偻、萎缩，
像是在欢呼中冉冉升起的太阳，
慢慢在空中变得暗淡，
直至消失在地平线，
年轻人看到眼前，
在棚屋的炉底石上，
炉火冒着烟，熏烧着，
看见春天最早盛开的花朵，
看见春天的美好，
看见绽放中的 Miskodeed[②]。”

---

① 建于 1887 年的 RMS Segwun 号是北美最古老的燃煤蒸汽船。
② Miskodeed 地名，不详。

在整个古老歌谣的长河里，博物学里的事物充沛而甜美——并非一束束、一簇簇地堆积在那里，而是像鲜花点缀草甸一样，装点着诗意，让其多姿多彩；轻缓的舞曲流动就像是珠光闪烁的小溪映射着青翠的河岸两旁低垂的树木。它们被编入歌谣中，是那么美妙，就像是希腊诗人墓碑上的花冠。

> “汝等常青灌木，围绕着
> 索福克勒斯（Sophocles）的坟头，
> 你那柳条辫子，
> 还有，常春藤，你将你的忧郁蔓延，
> 在诗人的上方铺展出一片阴凉。”
> “羞红的玫瑰，枝叶相互缠绕在
> 柔软的藤蔓中，
> 如此，像红宝石点缀般娇艳，你的树枝能否，
> 象征他优雅动听的歌曲。”

在忒俄克里托斯（Theocritus）的田园诗集中，在莫斯霍斯（Moschus）的晨歌中，花儿开放，树儿低语。是什么赋予了维吉尔（Virgil）的诗歌这样的魔力——是田园生活还是乡村生活？他最甜美的气质与蜜蜂的哼鸣、鸟

儿的歌唱糅合在一起。

> “瞧啊！那些山毛柳编成的边界围栏
> 上面鲜花重生，鲜花上蜜蜂萦绕。
> 忙碌的蜂儿，带着轻柔的低语
> 呼唤那操劳的乡村少年温柔入睡；
> 在葱茏的榆树上，斑鸠
> 正轻声讲述着它的爱情故事。”

应君王的要求，通过那首绝妙的诗歌，他呈现出了自然的景象，那种博物学家欣喜着凝视的美景。并非在每一方面都那么准确——很多时候我们都会忽略时代因素和一些荒谬的观点；但是，和精准的描绘，还有对自然界事物耳目一新的画作融合在一起，这一切使得这些作品成了意大利的福祉，也是任何时代的恩享。

然而在这一方面，我们语言下的诗歌的确不同于希腊和拉丁文的诗歌，而是更胜一筹。汤普森（Thompson）歌咏四季；但是在他的笔下，它们就像是一幅巨大的移动的全景图，多亏了自然界那些一个接连一个快速变幻的对象，否则，那就成了一张空白的画布。他用大师级的双手绘画，脑中的景象是笼罩一切的魔力，是那样的真实，你如同身临自然，置身于晶体闪耀的矿区，又像是出现在鲜花盛开的小溪边。在他对太阳的颂赞中，宝石就像是被镶嵌在庄严的宝冠上闪闪发光。

> “闪闪发光的钻石吸收了您纯洁的光芒，
> 将光亮聚集，浓缩……
> 你泛着柔和暗淡的深红色光芒，
> 里面涌动摇曳着火焰；
> 蓝宝石，这坚硬的苍穹，从你那获取了
> 它蔚蓝的色调；傍晚
> 紫光涔涔的紫水晶，便是你的颜色。
> 带着您的微笑，黄宝石燃烧着，
> 当她将第一抹色彩给予南风时，
> 为春天的长袍着上青翠的色彩，
> 却不如翡翠的苍翠。然而，
> 柔润白皙的蛋白石抚弄着您的光束，
> 所有这一切，变得更加厚重。”

这首诗让我们立马回想起贝亚德·泰勒（Bayard Taylor）对俄罗斯珠宝的精彩描述，他的语言丰富而机智，仿佛被他描述的宝石的光芒镀上了光彩。

“它们华丽的色彩让眼睛沉醉。所有波斯火玫瑰的灵魂都住在这些红宝石中；所有天鹅绒般柔软清新的绿草，不管是来自阿尔卑斯山的山谷还是来自英格兰的草坪，都封锁在这些翡翠中；所有南方海洋的浪花都在这些蓝宝石中绽放，丰收满月那上千条精华都凝结在了珍珠项链之中。”

我们因此也可以跟着我国的诗人走上同一条小径，他们不光是引用博物学的事物来美化他们的语言，也忠实地描绘了不同王国中品种繁多的事物，不仅带给我们知识，也带给我们欢乐。布莱恩特（Bryant）的诗歌如实地描绘了大自然之美。鲜花开放，鸟儿歌唱，小树林生机勃勃，每一件事物都如同出自大师之笔，他将大自然天然的形态和色彩赋予堇菜属植物唇瓣的放射状条纹之上。为满足品位，这些杰作和歌谣的产物都到大自然广袤的地域上去挑选承载和阐述它们的对象。早些年，英雄史诗盛行，那时的英雄多是半人神；要不是诗篇优美的语言，除了一些花鸟，我们再无法领略到吉祥的缪斯女神，巍峨的希腊神山帕纳索斯山（Parnassus）也不过是一座科学研究之所而已。

如果我们还需要比诗歌更能展现大自然的事物对语言的美化和对品位的满足能力的话，那我们现在只有再看看《圣经》了。即便是最抗拒它的说教的人也承认它语言优美，这主要得益于它细腻地运用了博物学中的事物来进行阐述。它确实取材于每一片土地。若要满足人类的情欲本性，立刻就会联想到大自然的事物，在所有相关的书籍中，无论是阐述宗教本身的美感还是塑造教堂的壮丽，博物学的事物是最富成效的。

怎么可能还有其他事物比这些美妙的预言更能满足高雅的品位?

“荒漠与狂野将因它们而高兴，荒漠会像绽放的玫瑰一般欢乐。”

“山峦和丘陵将在你面前高昂歌唱，田野里所有的树木也将鼓动他们的手掌，冷杉将替代荆棘，桃金娘也会换下野蔷薇。”

我们知道，画出那无与伦比美妙画卷的并非普通的热爱自然的人，而是博物学忠实的学生。他们了解这些植物，从黎巴嫩的雪松到墙上的牛膝草，他们都一清二楚。

“快瞧！冬天过去了，雨停了，花儿在大地上绽放，又到了鸟儿歌唱的时刻。我们还能听到田野里乌龟的响动；无花果树结出了新果，挂满娇嫩葡萄的藤蔓已发出甜美的香气。”

这些事物，它们的影响和美妙出现在救世主的教义中。无花果、橄榄、麻雀，还有野百合，对它们所阐述的那些伟大真相献上了特有的影响力和美感。

天启中圣城的光辉只能用宝石的形象来描绘。它的基座是蓝宝石和祖母绿宝石，还有黄宝石和紫水晶，每隔几道门就是一颗珍珠。

因此，对普通语言的修饰，诗歌的含蓄以及在神圣的启示生动的画面里，耳朵聆听到的最美妙的音符都来自于自然风景，而最绚烂的图画就是自然风光本身。智者在这里，在水晶、鲜花和灵动敏感的生命中，找到了令她满意的所有品位。因为，上帝是自然和思维的创作者，因此，人类的情感本性定能在此实现最大的尘世的满足。

在绘画和雕塑中，人类的思维也在寻求在诗歌以及美化普通语言时出现过的东西。对美好的热爱不仅仅是在思维可以依托的描绘中得以满足，我们更可以透过别人的思维看到想象力是如何将这些事物编织进那些画面中去的。正是因为他们能通过铅笔和凿子将他们的想法呈现在眼前，我们才可以将我们想象的场景和他们的进行对比，才知道同样的话语和同样的事物在不同的大脑里所激起的情感有什么差异。

自然是作家提取素材的宝库，是他们工作的参照，这对画家和雕刻家也同样适用。他们在帆布上勾勒的和在冰冷的大理石上用凿子刻画出的形象都会随着生活热烈的表达形式散发温度。

即便是在物种中最细小的纹路里也有一条进化的数学法则和一种从未间断的展示方式，大自然从未遗漏，如果艺术家想要满足真正的品位需求，那么他就不能忽略它们。这种需求是通过艺术作品的真实性带来愉悦，而不是通过耀眼的色彩或是怪诞的造型实现。

在所有时代中，诗歌、绘画和雕塑都是共同推进的。“古诗所涵盖的所有内容事实上都在希腊雕塑家的大理石上得以重塑，并在画家的帆布上重新进行了勾勒。”也许在我们的时代，这个铁三角已经不再那么明显，但不管怎么背离，它们仍然像是颜色互补的三合星①一样共同构成了一个聚星系统，都是表达品位情感所必需的，只是每一个都运转在区别于其他两者的轨迹之上。当一个出现在异教徒的天堂，被神灵环绕，另两项也必定在那里；当它回落到人间，另外两个必定相伴前往。无论是在帆布还是大理石上，都有诗歌所创造的感性表达——尽管有时一个人同时拥有了诗人的大脑和画家、雕塑家的精巧。他是真正的天才，我们知道他在创作中带给我们最大的快乐是什么；就是这些作品所呈现出的大自然的真实性——对它们观察得越久越得以窥见其真实。我们并不期待在他的作品中看到本该是锯齿状的花岗岩山体地貌被平顺的板岩和柔和的石块覆盖。

我们可能无法指出每一件艺术品中的错误——用我们

① “三合星”是指三颗恒星组成的聚星系统，这三颗恒星以引力互相维系，很多时候光度相差很大。

受过的尚不完善的教育，我们甚至会为这样的作品喝彩；但这条法则就像星星的轨迹一样是既定的，只有当这些艺术品展现出了真实和完美，它们才能长存，而这只有通过对大自然的事物精准的研究才能实现。

这就是罗斯金（Ruskin）对著名雕塑《拉奥孔》（*Laocoon*）批评的根据。我们可能还记得，整个情形都偏离了常规，只是因为诗人的创作和雕刻家的技巧才得以传颂；但真实的场景是，蛇并不像狼一样进食，它们的天性只会通过收紧缠绕压碎猎物。

一流大师的杰作证实了对大自然准确的认知的必要性。画家和雕塑家带着博物学家或是职业的解剖家的精准去认知每一块骨头和肌肉。那雕塑看起来像是阿拉伯故事中着了魔的人物，仿佛在第一声号角后就会活过来，胯下的战马鼻孔怒张，后腿直立，那样的生动，仿佛要从花岗岩的基座上跃起。这些都不是泛泛的了解能够创造出来的。只有日复一日、周复一周，用博物学史上奥特朋和阿加西所付出的那般努力，才能展现得这样栩栩如生。

在古时候，建筑与绘画、雕塑是紧密结合的。尽管这种关系绝不可能被分隔，但现在也不那么明显了。对我们来说，建筑，主要是一种装饰和美的表达——仅从这些角度来讲，它就可以被称为美术——它和自然园艺也是密不可分的。对公共建筑可能并非如此——它们还得借鉴古代的装饰模板；但现在，建筑学已可以被应用到人们的住所上，它和园艺结合在了一起，它的地位已从有用的艺术提升到了对品位最有效的服务手段之一。

说到古建筑，我们又得重复一下前面提过的学习博物学的重要性了；因为，若非经菲狄亚斯（Phidias）之手，我们就只能以眼下这些雕刻杰作的碎片来探讨了。这些造型特殊和奇形怪状、排列有序的装饰部件——比如科林斯柱头上的叶形装饰板、树形哥特式尖角和拱门——只有通过对自然仔细的研究才能完整地展现，也只有这样才有人真正懂得欣赏。

关于家园，我们拿过去塑造的神话中神灵后裔的形象和表示对天上神灵敬畏的那些形式，换取了形态各异的乡村质朴之美，这更讨本土神明喜欢，我们仍然愿意幻想这些神灵还潜伏于幽谷和幸存下来的树林之中，贪婪地破坏剥光了太多的山坡的装饰。

住宅建筑和自然园艺彼此相辅相成——它们必定会在品位需求的驱使下演变得更加完美；每一朵花都精心挑选，每一条藤蔓像在天然的灌木丛中一样自然缠绕——甚至引来了鸟儿，直至家园就像在魔术师的触碰之下突然从地下冒出来的一般，而魔术师的整个灵魂都已沉醉在河流、平原和山峦的秀美之中。美术这个领域是我们国家最可期待的，因为即便是最贫穷的人也可以和富人一样欣赏。不像购买昂贵的画卷和精美的雕塑那样，无需钱，大自然已提供了美的素材——我们唯一需要的就是能鉴赏的眼睛以及能将她提供的材料完美结合的能力。这些都构成了艺术民主的分支，可与最好的作品媲美，却又是所有人都能拥有的。真实的、可提升自我的、取之不竭的享受都在这里，就像天空中的空气一样，连最贫困的劳动者都可以免费享用。它们在他耕种的田野里，在他游历的道路旁，在他航行的大海里：任何他看得见的地方都能发现比最富有的贵族用来装饰私人画廊更美妙的事物。但是，要看见这一切，他得学会观察。他得研究每一件事物，直到他懂得欣赏它的美，“它确定无疑，就在那里”。也许有些普通的崇拜者以为至少他已经看到了并欣赏了大自然所有的美妙——其实差异很大。他以为只需要大体的印象而不是像博物学家那样对每个事物进行研究就能欣赏这种美。难道一幅画的整体效果不依赖每一根线条吗？如果你认为通过这种大致观察你就发现了自然界所有的美，和矿物学者一同步入你自家的田野里，你会在从未想到的地方发现水晶的光芒；和植物学家一起走走，没见过的花朵似乎从小径的两旁突然冒了出来，即便是你知道的品种，你也会发现它新的美；昆虫学家会将“用珠宝和金子装扮的甲壳虫”从它的潜伏之所拽出来；鸟类学家会让你重新认识那些从孩童时期就想和你交朋友的鸟儿。

我们在教育的过程中，在年轻人身上看到过这种反应。他们声称自己崇拜博物学而且懂得欣赏她的美。对博物学的学习需要他们做到准确和系统，这看起来似乎是要给他们植入一种新的感官。在游览的途中，他们爆发出一阵阵那样惊奇和崇拜的呼喊！他们现在发现了多少“新”的花卉！——他们一直就踩在这些不被留意的美妙之上。多少奇怪的鸟儿！——可鸟儿在他们头顶上都扑腾了 20 个夏天了。而现在，仅仅是通过这个简单的过程，对美的理解和鉴赏能力就被唤醒了，就像是把万物苏醒、银铃声绕耳的春天和死气沉沉的冬天做了一次对比。继续学习，就有了将这些事物融合在一起再次创造的能力，我们也能将大自然在遥远的山丘和幽谷中设计的甜美景色再现眼前。你可能以为只需要大致的概念就能制造出这个的整体效果。如果我们指那种壮观的感受，在创造的过程中更看重宏伟而不是形态的话，那这种观点无可厚非。但要满足美感，我们就得进行编排，而只有那些研究过这些事物最细小的斑纹、每一种形态和色泽的人才懂得怎样编排。

这种将事物结合以制造出自然之美的能力，就像是简单的写作形式一样，看起来简单，却很难掌握。那些普通的自然崇尚者，以为自己能实现这一点，但在着手的过程中有时会为自己犯的错误感到羞愧；他们还会发现，除非自己长时间地、耐心地向大自然这个唯一的老师学习，否则，就很难达到自然而然的效果——他专注凝视每一件事物，直到最后的笔触牢牢地烙印在大脑里。这时才可能使用它，才真正掌握了它，使它成为“一种永恒的乐趣”。这种学习所赋予的能力在仿制鸟的过程中得到了很好的阐释，有人认为它应该列于最精美的艺术行列。学习者对手工部分技艺纯熟。上面的每一片羽毛都安置得当，真实、安详、栩栩如生——玻璃眼珠闪烁着和真的眼球一般的光芒，尽管如此，仍然缺乏生气。只要经大师之手落上点睛一笔，你可能会以为它活过来了，惊得突然后退。生命力不仅点亮了眼神，仿佛还延展到了每一根羽毛尖上。这种魔力从何而来？它是从对鸟类的细致研究中获取的，直到生命里每一种变化都如银版照相一样印在大脑里。如果普通的思维想要通过训练学会爱美，那就必定是在自然这个宏伟的画廊里，像学生凝视大师的杰作一样，直到每一根线条和每种色泽都牢牢地刻在脑海里，这时美便活在灵魂中了。

凯姆斯勋爵（Lord Kames）告诉我们，“那些靠体力获取食物的人是完全缺乏品位的，缺乏可以被用到美术上的品位”。今天，他很难写出这样的话。我们似乎可以看到休·米勒从苏格兰的采石场辛勤劳作归来，当他漫步在只有王侯贵胄才买得起的艺术品中时，他拥有着与最富有的贵族同样高贵的灵魂、优雅的品位，当他看向远方变幻的景色时，带着同样强烈的最高尚情怀，还有博物学家般锐利的目光和诗人的灵魂。当他如下记录他做采石工第二天的经历时，再没有别的语言比得上他热情洋溢的描绘了。“第二天清晨，我和我那些工友兄弟一样心情愉悦。头天夜里降了严霜，当我们向前穿过田野时，看见草上结着白霜；太阳升起，空气纯净，随着它冉冉升起，白日幻化成早春令人愉快的柔和，散发着一种难以言说的诚挚，是美好的上半年才有的温和与怡人。”“所有工友午时都在休憩，而我独自一人去附近林子里满是苔藓的小丘上享受我那半小时时光，那里可以透过树林清楚地俯瞰一大片海湾美景还有对面的海滨。水面平静如镜，天空清澈无云，树枝像是勾画在帆布上一般，纹丝不动。一处林木葱郁的海岬向海岔探出去了一半，从那里一根薄薄的烟柱缓缓升起。就像是铅锤坠下的线条一样，它直直向上攀升了1 000多码，直至触到一层更薄的云层便向四周均匀地散开，就像是一棵庄严的树木的枝叶。本·尼维斯（Ben Nevis）屹立于西方，覆盖在冬天还未融尽的白雪下，在清新的空气中轮廓鲜明，阳光照耀下的山坡和若隐若现的蓝色山谷就像是被凿在大理石上一般。”……

“我回到采石场，我相信这样强烈的快乐无须太多花费，即便是最忙碌的劳作，闲暇时光也足以享受。”

人们的品位正在提升——可惜的是提升得太过缓慢——这证明辛勤的劳作既不会剥夺也不会妨碍人们对美的欣赏。然而，这也不能通过画廊的艺术品培养，因为这对我们普通人太过罕见。我们必须依赖博物学；唐宁说，风景园艺就是将雅致的美景聚集到许多简陋的房子四周。他的作品对美国人的意义就像《农事诗集》对古意大利人的意义一样。藤蔓和苹果，花卉和树篱，柔软的草坪和高大的树木，所有为大地增添美色之物，都是他关心的对象。在他的影响下，很多地方都成为视觉的盛宴、品位的满足，要不是他，这些地方仍是无人问津的崎岖地带。

在寒冷、崎岖的新英格兰，在阳光明媚的南方和西部的大草原上，家园会变得更美，在那里养育的孩子成年后更知书达理，这都是因为唐宁对博物学的热爱。

他的纪念碑理应矗立在华盛顿首府的这片土地上，不仅是因为这是经他之手进行美化的，也不仅因为他对全国的影响力，更是因为每个美国人都可以读到他生前所写、现在镌刻在石头上的这些话。

> “个人品位以至于民族品位都将直接与其鉴赏自然风景之美的精微敏感程度成正比。”

就是这样，博物学才是展现品位最集中的地方，它也必将永远是美术发展进程中所需的纯粹和美好想象力最大的源泉。那些大谈效用的人嘲笑对品位的培养，但它的价值不可估量；它定会随着对自然的研究而向前发展，特别是随着被我们称为博物学的准确研究而发展。

对这门科学的准确研究为大脑储备了由上帝所创的事物形象；就艺术而言，它们是“纯粹而美妙的”。这需要通过对认知的教育来实现。通过将思维落到所有被创造出来的神圣来源上，它也让人们开始感受和珍视每一种形态的美，如此塑造更高的精神本质，净化心灵。在污秽的灵魂里，任何美好的形象都无法留存——它不可能在那里形成；就像是扭曲的镜子，最清晰的光束可能会照射上去，最美好的事物可能会从面前经过，但形成的影像将不成比例，不相关联。美好可能反射出扭曲的丑陋，而令人恶心讨厌的事物也可能因为扭曲却以完美形象投射回来。但是对那些能够鉴赏的大脑和灵魂，自然提供了颜色、形态、关联和比例的标准，这是由上帝——思维的创造者设立的，他也是客观世界的设立者，因此一切必须是准确的。“创造眼睛的人，难道他还看不见吗?”——创造思维的人，难道他还不懂得大脑的渴求，不会为满足品位而提供像满足别的需求一样完美的事物吗?

整个美术的历程都表明上帝在这里建立了永恒的关联，这些作品本身就历经了时间的考验，接近他所设定的模板。就像对摩西说建立圣幕一样，至高的主的声音也对艺术家们响起——“你要留心，一切都要照着在山上指示你的模式做。”

对博物学的研究是所有人都可以做的，如果学习得当，不仅是少数几个人，许多人都能具有品位鉴赏力。这对美术的影响力更是显著。常说罗马最没文化的店员也比伦敦接受过最好教育的人更懂得欣赏画卷和雕塑，而伦敦又比美国的很多城市具有优势。在罗马这样的城市，很难创作出糟糕的作品——当然也很难脱颖而出受到褒奖。我们不具备为这些作品创造应有品位的条件，因为这里艺术画廊很少，在忙碌中我们可能也找不出闲暇来欣赏它们。但我们有高雅的替代品，它们却被忽视了——大自然的美好事物，即便是在几小时的繁重劳动中，它们也能让我们感到愉快。

说到博物学研究对象所带来的影响，我们大部分时间都指其产生的美感——但毫无疑问，它们也让人对其宏伟和庄严而沉思。和地理学提供的事物比起来，还有什么能为想象力提供更宏伟的地域吗？它所呈现的事物对那些平庸的大脑来说可能并不重要，可能根本就不会注意到，或者即便留意到也无法激起一丝情感。可同样的迹象或是砾石对博物学的学生来说是多么的不一样啊！对他来说，山上的花岗岩上的一条痕迹就能让思维回溯到过去，海神尼普顿（Neptune）向山峦发起战争，将他所有用海浪和严冰铸就的武器投向了山峦。岩石上的一条脉络就能唤起火成岩时期的场景，它记录下了延绵不断的山脉和堤坝将裂开的地层分隔。当他将大地的石块层层剥开，一件美妙的事物，比如一块化石，就能向那受过训练的头脑讲述一个壮丽、庄严的故事。那故事可以让千奇百怪的物种重回大地，让海洋倾注到下沉的地表，将山脉像水波一般推动。

幻想畅游在早期大地的壮美与辽阔之中。如果我们没有机会研习博物画廊中的一门古老艺术，我们就只能听巴克兰诉说波西米亚煤矿多么丰富。

“意大利宫殿的天花板上最生动的叶片也无法和那些绝种的、丰富绚丽的植物种类相提并论，它们和这些发人深思的煤矿共同形成了悬垂的展览馆。顶棚上就像盖上了用华丽的织锦铺就的华盖，再用最雅致的叶片饰以花彩为其添辉，纷繁的叶片不均匀地散落在表面每一寸地方。这些墨黑色的植被和它们所依附的浅色的岩石根基形成的反差更突显了这一效果。置身眼前的人觉得他自己仿佛在魔力的作用下穿越到了另一个世界的森林之中；他看到地球表面许多闻所未闻、形态各异、各具特色的树木，几乎是用它们原始的生命力所展现出来的美丽和活力呈现在他的感官面前；它们多鳞的树干和弯曲的树枝，还有精致的叶片组织都在他面前铺展开来，多少世纪以来几乎没有受到损坏，忠实地记录了这些绝种了的植被体系，它们在时代里产生又消亡，它们的遗迹就是那个时代万无一失的历史学家。”

有人说，博物学家已丧失了对自然的所有诗意。没有比这更荒谬的了。他对自然美景早已太过熟悉，不会像初学者那样惊奇呼喊。将他带到一个他完全不熟悉的、陈列着绘画和雕塑的精美展览馆，他也会不断地对新奇的事物表现出惊愕，对粗糙的涂抹和大师之作可能会表现出同样的享受。由此，你就认为他比艺术家还要享受？艺术家不过是默默地站在那里无数次地畅饮沉醉于另一人无法感知的细腻笔触的美妙之中？

伯克（Burke）无疑是个杰出的人，但他犯了个很大的错误，他说："我们之所以对自然称颂是因为我们对其无知。"如果他说我们对自然的无知正是我们发出惊叹的原因，这会更接近事实。把这位博物学家的显微镜给他，让他看看昆虫翅膀上新发现的美，还有他从未见过的树叶的脉络，你会听到他像所有在熟视无睹的事物上发现美妙的那些人一样惊呼。我们惊叹并不意味着我们比别人看到更多或是欣赏到更多自然之美，仅仅是因为我们现在才第一次注意到它们。

接下来，在陈列柜间随意走走，每一天它们都会变得更美；到外面的田野里去，仔细研究一下那里的每一件事物，你会为上帝慷慨之手所播撒的美丽而震惊，尽管匆忙的芸芸众生可能没有留意到，但几乎没有一处被漏掉了。

讲座三

博物学与财富

有时独自上路是一件趣事，而有时我们会选择公路，那里定有同行者。在我们的设想里，我们可能愿意另辟蹊径，或者至少会选择人迹罕至的道路；但如果我们要找现成的听众，我们就得选择有共识的话题，并考虑那些业已成规的看法。如果我们能开辟一条通往财富的道路，我们肯定它一定不会被摒弃。财富可能散落于偏僻平原沙砾的金粉中，或是在北部海洋冰山间的鲸鱼和海豹中，抑或是在矿洞深处的煤炭中——这条路一定人满为患。成百上千的人会失败，但另一些会冲上去顶替掉他们，这就像是人生的激烈战争，它的口号是“不成功便成仁”。这世上没有比我们更热衷于争夺这些以金钱为奖品的民族了，我们迫不及待地设计方案，并任劳任怨地付出劳动。我们频繁提及的正是金钱价值，一想到它的魔力，我们这样做便不足为怪了。这是美术发展所必要的手段，也是一切有用事物的推动力。它让那些庞大的工程成为可能，通过这些工程，发展得以加速：大海上满是商船，山脉被隧道打通，州与州之间用钢筋水泥的道路贯通，国家间由电缆连接到了一起。当我们考虑博物学对财富带来的影响时，我们并不仅仅站在共同利益的立场，但它也值得这样做，因为这很重要。我们是否有充足的理由，像某些人那样，把财富定义为任何可以被享受或能够购买享受的事物？还是我们应赋予它比以往常有的关联更广泛的意义？但如果仅以通常的意义，比如金钱，或金钱所代表的东西下定义会使我们此刻的工作更简单容易。

研究博物学最直观的好处在于它开拓了财富的途径。从这方面讲，地质学和矿物学功勋卓越。就地球的矿物资源而言，它们不可能被高估，也是最易于理解和被热切追求的。部分金属和其他宝贵的矿物资源非常易于获取，因此，几乎所有朝代的人类都有收获。然而，偶然间发现的那一部分现在远不能满足人类所需，这些需求还在逐年递增；而最宝贵的那些却以只有矿物学的能手才能辨识的形态呈现，还有一些只有精通地壳结构的知识才能发现和探索，只有在科学之光的照耀下才能进行探求。在某些岩石和宝贵的沉积物之间有着天然的联系，就像盐岩和卤水与新红砂岩之间的关系。有关这些关联的知识加强了调查的准确性，而这些知识都是地质学研究的成果。即便一座矿藏是偶然间被发现的，也只有博物学中这一部分的原理才能判定它的价值，才能保障投资回报。

和煤相比，其他的矿物相对没有那么重要。这一宝贵物质的整个开发史都是支持博物学研究的论据。在搜寻它的过程中，成百上千万美元都被扔到勘凿岩石中去了，可这些岩石中一磅煤也找不到。实际上，误导大众的物质本身就是不含煤的有利证据。

由于好奇之士——同时我可以这样说，是在美妙的地质学的揭示下——含有这种物质的巨大的矿床被发现，在那里靠偶然是不可能有所收获的。被发现后，它的生产力和开采手段都受到了相同的科学领域的原理的主导。这样的事每年都会发生。在煤和几乎所有其他宝贵的矿物资源上，这世上没有国家比我们更丰富。这些构成了我国财富不小的比例。随着需求的增长，新的沉积物的发现以及更有效、更经济的开发手段的出现，它们注定每年都会变得更加重要。我们的煤、铁、铅和黄金取之不尽，全面开发后定会给我们提供巨大的资源。

看看英格兰，打听一下她的财富和权力的源泉。将她的煤、铁和其他的矿物财富都封锁在她的山丘和河谷之中，那么你就将她权力的一大因素拿走了。正是她杰出的子民用科学开发了那个小岛上的矿物资源才让她成为世界工厂。她的煤驱动了上千架织布机和笨重的纺锤，再将纺织品装满货轮，鼓胀了她的税收。这就是对矿物财富的影响力最发人深省的阐释。从埃克赛特（Exeter）到卡莱尔（Carlisle），她的14个大型城镇都是沿着新红砂岩的开凿带建立的。卤水和石膏层都属于这样的岩层，紧邻其下就可以找到煤。

她的科研人员勘察了她的土壤和其下的峭壁，在那里面他们发现了通往文明和家庭舒适的途径以及让其他国家臣服的方法，还有钱和所有人的尊重。在这一领域的财富开发方面，我们并非完全不够格。世界上某些最丰富的矿藏带分布在美利坚，这已被充分证实。我们可能并不盛产宝石，但世上还有哪个地方有这么丰富的煤层和铁矿山？在这里面我们看到了权力的构成要素；但首先它们得被开发，还要通过新一轮的探索和发现扩大它的地域。我们的初级政府并未忽略它这一部分的财富。它派出了地质勘测员去勘探和定位矿藏；而他们为开发这个国家的财富提供了有价值的服务，也对科学做出了无价的贡献。我们的州政府也明白这些调查的价值，许多州都拨出了大笔款项。就我所知，还没有任何的投资没有以某种形式带来全额的回报，更别提对总体科学事业的巨大推动。在某些地方，单一年的回报就是百倍。在矿藏开发的整个过程中，这样的开发还没有实现它的最大收益。我们关注的正是这一点，这方面的成功才是他们进行评判的标准。另外，其他事物也获得了关注。他们指出了取自某些岩类的土壤的基础特性，发现了肥料，由此为农业提供了有力援助。他们发现了方形石、黏土、水泥和涂料，由此提供了适宜的建筑材料。这样的研究在很多方面为工程学、土地排水、自流井勘凿都提供了重要的启发，最终，发现了大片健康、适居的土地。在所有这些偶然的方法中，博物学赠予了财富，却并未从这些收益中索取功劳。

州政府在指派地质调查时将其与博物学的其他门类结合在一起，这展现了它们的明智。植被、鸟类、鱼类、四足动物和昆虫都被认为值得研究。许多人对把钱投到“虫子和鲶鱼”身上这事嗤之以鼻。更多的人支持这些计划，希望至少在自己的土地上能发现煤矿；而一些精明的管理者附带上了对鸟和鱼的研究，正如政客们常说的那样，“像是被隐藏的乘客”。这些领域还没能引起足够的关注，因为它们同财富之间的联系并不如在矿藏的开发和挖掘中那么直接和明显。它们中很多有着同等的重要性，从经济的角度看，注定会带来最大价值。这些调查也增加了有用植被的数量，教导我们去保护它们并提升它们的价值。

大地上生长着超过 10 万种植被，它们对人类有着直接或间接的用处。毫无疑问，至少对绝大多数来说这是千真万确的。从所罗门时期至今，植物学爱好者不断地展示出这一自然领域的风采和用途。如今有多少植被为我们提供了健康和奢华，对此，要不是对植物科学的专门研究，我们将一无所知。那些基本的分类法则被归纳出来了，通过这些法则，从它们的结构中又可以推导出它们的基本属性，因此我们可以说，看一眼大自然给它们贴上的标签，就知道那是欢迎我们去探索还是警示我们要当心。这门科学的进程表明，花在上面的大部分力气都仅仅是用来分类和命名了。一个一个的系统——如果部分早期尝试的结果可以被称为系统的话——都被弃置一旁了；对一个无心的看客来说，所有的功夫看起来都白费了——至少从财富的角度看是这样。这不过是个浅薄的看法而已。那些过去的先驱那时正向真正的目标摸索——他们的成就可为后继者推波助澜，他们的错误可作为警示；他们在列表上增加了一个又一个有价值的植被的名字。他们着手的工作有条不紊地进行着，到现在，除了一些独立的见解或是微小的细节，我们几乎无法对分类进行补充了。对当地的植物志还可以进行完善——为那些可能被发现的植物命名——将注意力更多地转到植被的生理机能和揭示它们的用途上。当最基础的收集和命名工作做好后，这些后续工作就有必要跟上。有了那些植物学家先驱们的研究和付出，这项工作被快速推进着，仅仅是他们的热忱就足以让我们钦佩了。

在一个原始、简单的社会状态下，博物学的每一个王国都足以满足人类的需求。由于历时太长，我们很难知道他们到底享用过哪些。但当科学启程，它的首要任务就是分类和命名。这一步完成后，就是更细致地研究这些事物的属性以设立新的分类原则或是对旧体系进行巩固，这一进程总结出了一部分物质的有用属性和另一部分物质的有毒特征。当这一工作完成后，这些潜在的新用途就变成了常规的，甚至可以说是不可忽略的研究对象。做到那样，我们就快速地进入了植物王国的研究之中。

到此时，这一研究的成就和其被预见到的收获都由这首诗生动地描绘出来了：

“花朵使荒漠绚丽，根须让土壤肥沃……

地面上方和四周那部分的用途，人类还不得而知。

无须太久，藏红花长在球茎上的花蕊就能驱除疾病，

更别提柳树还献上了它的叶片，更别提龙葵可抑制毒素；

无须太久就会有扭曲着的叶片，那是来自中国的芬芳献礼，

更别说那营养的根茎，那是秘鲁的馈赠——

还有色彩变幻的大丽菊，搔首弄姿的仙人掌，

另外，品种繁多的水果和花卉，为生命和享乐服

务——

即便如此，榆树被弃置的枝叶也还有未发现的用途——

还有丘陵地带上被晒干了的蓝铃花，草甸上畅饮的风信子——

西克莫无花果带刺的果实，雪松光滑的果球，都有用途；

三色堇和明艳的天竺葵可不只是为了美而绽放；

杨梅树蜡黄的花朵也是一样，尽管它只会盛开一天；

更别提冷杉被镌刻的树冠，只有星星才看得见——

即便是花园中最微不足道的野草都用途广泛——

盐撑柳和多汁的菖蒲，满是雀斑的红门兰和小雏菊也是，

当森林的树木带来面包，世界会嘲笑饥荒，

当橡子酿出芬芳的饮品，菩提的汁液正浓；

无论是莲花还是毒麦，每一种绿色的药草，

都能为漠然无趣的人类，提供无微不至的关怀。”

要实现我们所有的愿望与期待，丰富植物世界的多样

性，毫无疑问，我们要求助于同源的化学科学。这里就有素材的巨大宝库。我们所有的食物都直接或间接来源于植物王国。各种植物的根、叶、花朵、果实和汁液轮番不断直接为我们提供大量的养料。当我们以动物为食时，这样的例外也只是表面的，因为我们所食用的所有动物，从牡蛎到牛肉，都直接或间接地依赖植物生存。包括人类在内的所有动物都是如此构建的，因此他们不可能依赖无机元素为生。我们可以分析食物，判断它确切的构成成分，但这样也不能让我们依靠矿物为生。我们可以用李比希的所有科学理论来证实碳、空气和水构成了我们所有所需，但我们知道它们不可能构成餐桌上的丰富菜肴。我们可以借助于化学，用其所有的魔力进行转化——即使有一仓库的纯粹元素——它也不能为我们提供一颗含淀粉的谷粒或是白糖颗粒，更制造不出可以替代这些东西的构成。植物是唯一可以吸收所有这些无机物并在其身体组织这个魔幻的实验室里，将它们塑造成可供养动物生命的化学家。我所提到的所有这些具有滋养作用的植物的特点，也适用于含有药用属性或是在艺术领域有用的植物。那些精美的织品、绚烂的染料以及最怡人的香水绝大部分取自这一王国。在这里还有那些精湛的现代发现——印度橡胶和古塔胶。这样那样的宝贵产物被埋没了多久啊！随着人类对它们的需求的增长，对植物的研究更彻底和更普及，还有多少物种等待开拓呀！调查所有动物赖以生存的自然界这一领域的相关法则是迫切的使命。更重要的是，为了我们当前的目标——这个国度被我们视为是让许多奢侈享受向我们涌现的渠道，它也是实现现阶段文明所必备材料的唯一来源。我们用来裁衣的纤维——我们还在上面印制书籍——还有潜水艇舱室周围的黏胶以及它千百种别的用途，都已成为一个国家的资源和个人的财富。要增加它们的产量，抵御有价值植被易感染的疾病正是对植物学各领域系统展开彻底的科学调查的直接目标。我们所有的知识还无法预防土豆的枯萎病；但所有人都意识到，我们对植被的生理机能和特殊植株的习性了解得越透彻，我们就越是能改善它们的品质和增加它们的产量，并让其免受摧残。科学并没有失败，是我们探索科学失败了。只有通过全神贯注的耐心研究和细致的观察，我们才可能对植物的疾病进行防治，改善对人类已经非常有用的物种，并在成千上万现在看起来无用的物种上发现其有用的属性。现在许多宝贵的水果曾被视为毫无用处，甚至有害。我们简直不敢相信它们已被完善，也不敢相信那些能被改良的现在已为人类所用。事实上，每一年取得的进步，尤其是过去20年所取得的进步，都为未来注入了巨大的希望。之所以能取得迅猛的发展，是因为那些投身于农业和园艺的人是在科学光芒的照耀下工作。当看到绚丽的苗圃和花园时，我们就知道其主人或看管人员一定拥有相应的科学知识，这种知识也正是我们现在所主张的。他们自身要是没有广博的知识，那么他们一定是在更旷达的人士的指导下劳作，他们家里一定有德坎多（Decandolle）、林德利（Lindley）、娄顿[1]和格雷（Gray）的著作。如果我国所有游历的年轻人、领事还有传教士，他们都精通科学，那么他们便能立刻洞察到植物的有价值的属性以及它们的习性，那样的话就能立刻确保它们能被引进，由此为我国带来的收益我想绝不会言过其实。仅一棵植物就能抵得上这一领域的所有美国学生所付出的时间和精力。但是，没有受过训练的大脑是不懂得观察的。如果将一棵少见的植株摆在他们面前，因对它了解不多，他们并不知道通过培育来改善品质能带来什么收获，甚至压根儿就不会进行培育。如果所有那些劳作于植被之间、有机会引进新物种的人都如现在这般了解植物学的话，只需一年，这样的财富源泉就会剧增，进展也会加速，品质还会提升，而数量也

① 原书此处人名中有一字母污损。猜测此人应当指 John Claudius Loudon（1783—1843），苏格兰著名植物学家、园艺设计师。——译者注

会增加。那些无用或是有毒的植被可能会转化成有价值的植物。森林会得到更好的看护，在嶙峋的山丘上和被遗忘的沼泽地带，新的森林也会拔地而起。如果人们了解森林可以耕种，接受土壤可被改良的思想，并关心能被科学改良的新生代的话，几百万英亩过去贫瘠和荒芜的土地便能逐渐种出树木，弥补过去砍伐掉的树木。科学，正是致力于新生代的培养。

可能有这样的说法，当然这是事实，大部分业已完成的工作都是由那些对科学一窍不通的人完成的。这些成果都是多年慢慢累积出来的；现在我们希望更迅速地推进。这也是这个时代的需要，这更是人类工厂的所有部门和财富源泉的迫切需要。古时候的发现都是偶然的。黑暗时代的炼金术士用他们的蒸馏器、熔炉和一些有着神秘名称的化学物质碰运气，也正是靠碰运气，他们一次次实现了有价值的发现。这与现代化学家的工作简直是天壤之别！若要做一个实验，他立刻就能依靠那门伟大科学的所有原理来解决问题。每一项实验都是有特定目标的，偶然间的发现只能是例外，而不是常态。因此，技术上说，要得出一个结果，所有问题都是在业已成熟的科学原理下尝试的。那些用铁手指织出了地毯的神奇织布机并不是比奇洛

(Bigelow）偶然间的发现——它们是发明，是只有通过长时间不间断的、系统的研究才能实现的发明。这一道理也同样适用于我们如今在植物王国所取得的发现和进步。它们不能靠碰运气，而是要在科学的指导下进行探索，这是一条直达的路径，更准确和迅速。

也许就物质财富而言，动物学不如植物学那样能确保那么丰厚的回报。我们并不指望发现重要的动物来驯养，也不指望通过发现新物种来繁殖许多已知的宝贵物种。现在，它们变得更有用，数量也大幅度增加，都应该归功于化学而非纯粹的动物科学。但是，有些重要的间接收益是由动物学带来的。比如，通过对鲸鱼结构的研究发现，极有可能还存在一片开阔的极地海洋地带。正如阿加西教授的观点，这对生理学者来说极具说服力；如果冬天鲸鱼并不都待在冷冻带以南，它们一定是在以北地区找到了开阔的水域。这些博学的动物学家的观点毫无疑问会激发这样的探索，直到问题彻底被解答。如果，接下来，这一揣测被证实，那么鲸渔业就能成功地在大片北部冰封地域开展，这也将成为这门学科带来间接收益的一个显著的案例。你可能要说，那就等这一发现实现了再说吧。我们仅是以其为例，说明当一件事是确定无疑的便可依此采取适当的行动，并且也有理由相信随后会取得令人震惊的结果。对那些不熟悉所有科学的进程和趋势的人来说，对鲸鱼的研究和北部海域的发现以及建立高产的渔业这三者之间看起来能有什么联系呢？不管他们能不能意识到这一点，这就是科学一如既往的收效，就是从一开始除了能满足好奇心外并不能给予任何保证的事物中得来的。

对鱼类习性的研究，了解其生存法则，可以让我们保护它们免遭那些错误的捕捞方法和时间的损害，缺乏足够的回补，那样做已被证实是会造成数量的大量减损的。这些研究也让我们相信我们能像在农场增加畜群一样轻松地在我们的湖泊和溪流中储备珍稀的鱼类，带来更大的收益。过不了多久，那些曾经不屑研究“鳝鱼和大头鱼”且对政府将钱投到这方面研究颇有微词的人们，可能会发现，有的事用他们的理念是不敢想象的，更想不到在他们意想不到之处还可以致富。

对那些艳丽的鸟儿和丑陋的爬行动物的研究纠正了很多错误的观念，且至少证明了前者是保护我们的田野和花园的飞翔卫士。我们欢迎它们来帮忙，也乐于将甜美的果实与它们分享，这样才能让剩下的一半果实免于昆虫之口。即便是不受待见、被消灭的乌鸦也证明了它带来的收益远比它偷走的那一点玉米要多。正是通过对所有这些动物种类的仔细研究，我们才真正了解到它们的地位——了解到对每一种动物可以加以利用之处——了解到发扬它们的好处同时规避它们的弊端的方法。在我们国家，这样一门知识一年所带来的金钱价值就能达到几百万，而它对整个世界的价值就难以估量了。这门知识一年一年变得更加重要。也许，我们找不到比昆虫更好的例子来阐释我的观点了。人类，对自己的智慧、常识和财富上的精明深以为傲，他们普遍把昆虫学视为一门荒谬的学科；他们从未关注这门学科，他们想也没想过要去研究它。看见一个人捉虫子和蝴蝶可能比看见一个人研究青蛙和刺鱼还要莫名其妙。然而，别着急，让我们探究一下这个忙碌的族群一个单年的产量和破坏力。说到它们的生产力，我们得提一下丝、蜡、蜂蜜、紫胶和染料，还有五倍子和胭脂虫颜料。你想想，一年到底要花几百万美元，才能买到所有这些东西？把范围再缩小一些，就一年，有几百万要花在购买那些进口来的和本地产的东西上？我们才不愿意放弃我们所拥有的这些产品的份额。说到与舒适和美化相关的产品，我们可以大量节省的就更多了。它们构成了生活的必需品和奢侈品中一大重要部分。如今，毋庸置疑，对大自然这个领域的研究将增加这些产品的产量，在某些方面，还能提升其质量，更别说还能带来别的有价值的发现。仅仅从这个角度，就一定能将昆虫学从一种出于好奇但是毫无用处的学科的地位提升到对舒适和健康做出重大贡献这样的位置。

但是昆虫也是破坏者，而且破坏力惊人，它们对我们国家的损害逐年增长。在我国，从发现它们对作物的损害开始，有时它们一年造成的损失可达 2 000 万美元。如果同一份报告显示的是别国对我国造成了上述损失的二十分之一的话，哪怕只是一年，我们的水陆两军早就被召集列队以讨一个合理的说法和令人满意的赔偿了。我们所有人都会支持这一行动——然而我们却对鸟类法则嗤之以鼻，让狩猎活动破坏以虫为食的鸟类，还说那些研究昆虫的人是在犯傻。正是有了哈里斯（Harris）和像他那样的观察者对这些饥饿的、难以计数的宿主所付出的心血，我们才能把它们从藏身之所找出来，识破它们所有的伪装，通过利用它们的天性消灭那些对人类有害的昆虫，通过猎杀它们的天敌留下那些对我们有用的昆虫。鸟类是我们清除这种敌人的天然卫士。但是田地开垦的速度远比鸟儿繁殖的速度要快。我们只能求助于科学——对整个博物学进行研究。这样，一年就可以为我们省下好几百万。在我们国家某些地区现在这种现象已经很严重了——多亏了鸟儿与害虫不断的斗争才保住了许多被它们选中的植物。要保护我们的土地，我们需要每一位昆虫学家的帮助。像哈里斯这样的人每年所做出的贡献值得支付他们大笔财富。

我们都得承认农业是国家财富的坚实来源。如果这个行业声名狼藉，或是因其他更具诱惑、更快速的致富渠道而受到忽略，那对任何国家来说都是灾难。我们已表明了研究博物学会给这个行业的分支带来多大的帮助，它能帮助引进新的植被，提供关于其习性的更完整的知识，获得改善其品质的方法和保护它们免受破坏。但是尽管如此，我们若认为它现在就能给予这样的尊严和成就，那是不可能的。现在流行赞美农业，但事实上，在过去的这些年，却不怎么时兴从事农业劳动，特别是空手赤膊地在田里干活。劳作并不是让人们离开农田的原因，因为他们往往从事着更辛苦、更费力的事业。去我国广大农村地区，那些必须得用双手开垦田地的地方走走，问问各家各户他们想让他们的儿子做什么，你就会发现他们极少会选择务农。有人期望儿子去经商，另一个想让他进账房——有的希望孩子学法律或医学——还有的希望送孩子上大学去碰碰运气，希望随后能找到相关的工作。如果他选择当农民，那么他的父母和邻居多半觉得他的大学荒废了。我们嘴巴上歌颂农业，但是实际行动上鄙视它、侮辱它。对这两面，我们认为是有满意的解决方案的。农业应该是一份高尚、尊贵、光荣的职业，就像它被冠以的那些说法一样。它理应如此，也有这个可能；但是问题立马来了——要是真是这样，为什么所有人，甚至连农民自己，都那样担忧，为他们的儿子争取了别的职业？我们不断声称农业和法律、医学一样高贵，然而看起来却很难让世人相信他们自己不断声明的事；因为很难有农民愿意看到自己的儿子放弃做个杰出的医生或者律师，而去做个优秀的农民。本不应该如此的——因为耕地毫无疑问是一份自然而然的职业，因此应该令人向往。我们很容易看到这里面的问题，并纠正它。对农业的鄙夷无疑是因为这样一个事实，那就是在这一领域所需的思考和学习远不如其他职业多。单是赚钱的愿景一时就能引诱许多人去追逐某些职业。但是，扫一眼那些人们终其一身从事的事业，你会发现，大致的规律是，从事一份事业所需要的脑力成了衡量它尊贵与否的标准和决定从业者代表的社会阶层的指数。那些愿意学习、思考和自我提升的人绝不会被引诱去从事那些“终其一生也没有动过几次脑筋”的人会从事的工作。如果要建一条铁路，工程师会不遗余力地去做调查和测量坡度，因为这需要思考；但你给他们同样的钱，他们也不会去铲沙子，因为那是大字不识的爱尔兰人都可以做的事。

所有劳动，它光荣和高贵的程度都与从事这项劳动所需要付出的脑力、思考和研究成正比。这些东西让基础性的工作也变得高贵。“化学家和地理学家沾满泥土的双手绝不是基础性工作的标志；因为思想和知识操控着大脑，指挥着双手，这样，实验室最粗糙的工作或用榔头敲碎石头这样的事也不再呆板或者卑微。”基于这样的理解，我们相信所有人都会赞成，与农业相关的每一种研究和思考都会赋予农业尊严和魅力。在人类变得有智慧和文雅高尚的过程中，因为上述条件相应缺失，使得部分人会放弃农业。我们只需要让农业也像其他高深学科一样对思考提出同样的要求，那么不需要受到农业演说家赞誉之词的引诱，人们也会愿意放弃会计室或办公室生活去从事露天的工作了。没有比对博物学的研究更能实现这一理想结果的方法了。也许我们还得加上化学，但它需要太过灵巧的操作，只有少数以此为生的人才能从事。博物学就不同了，它的任何一个环节都可以既实际又有趣。农业就是对博物学的应用。地理、植物学和动物学都是它的基础，只要对这些有不同程度的理解，就能成功。只有当这些科学成为农业的基础，理论上，人们才会认为它高尚；正是因为农业在相当程度上忽略了这些科学，忽略了它真正的根基，变成了一成不变的农活儿，才真正让它被看成低端的工作。当农民开始研究他农田土壤的矿物构成，研究四周冒出来的植物和破坏庄稼的昆虫时——当他开始研究每一片山坡和峡谷富藏的所有物质时——农业将成为每天都能唤醒思考的科学，可以磨炼思维的事业。这时，它将不仅仅是口头上最值得尊重的职业，更是实实在在最受尊重的职业之一。只有当这一点多少被实现，农业的地位被提升，它才能将那些文化人从其他的追求中召唤到这里来。

目前，接下来，当我们指望将农业各部门的改良变成财富源泉时——所有人都得承认这是最重要的——事实上，唯一确定无疑的前提是——到目前，我们确已意识到博物学与财富之间的关系，并意识到这一科学分支的每一部分内容都迫切需要进行学习。所有人都会支持那些立刻就能带来收益的领域。但我们也看到还需要一个不寻常的条件：那就是使每一种植物、鸟类和昆虫，以及博物学里的每一客体成为思考的对象——那样，田野既是劳作之处也是思考之所。这看起来不太可能，实际并非如此。在这里，我们可以看到对某些信息的渴望，它们曾被轻视。若农业报告向博物学提供了一种昆虫，或是一种鸟类、一条蛇、一片草坪，或是一棵莎草的照片，这比汇报小麦和仓储更重要，不管这些小麦和仓储价值多少。森林和河流中的这些东西将之前的臆想转化成了一条新的探索渠道，唤醒了观察的能力，否则，它还在休眠。我们国家和州政府开展的这类工作，老实说，许多尽管的确受到了质疑，毫无疑问也是有其价值的，但是都进行得太过草率。人们问，通过大量的调查描绘这些化石贝壳有什么用？在天文探险中，这些青草和鸟儿又有什么用？调查海岸，拿那些珊瑚来干吗？还有很多问题要解答——尽管过去这看起来是在浪费钱，至少回报不高，但是，纵观全国，成千上万的年轻人都在看这样的书籍。要不是这些书，这些年轻人对这些事物的思维就不会被唤醒。这些书没有被浪费，对此我们应该感到高兴——这不仅让科学界感到满意——也让成千上万的教育者感到欣慰，最终，不光会增加收益，它们的回报更是远远高于它们所带来的金钱价值。

思想使劳动更高贵，从这个角度看我们所呈现的主题，我们终于明白为什么农业在古代远比在现代高尚。他们在行动中尊重它，而我们只是口头上如此。我们认为，当我们将农业和那些时期的其他行业作对比时，原因已经不言而喻，也阐明了我们的立场。那时，农业比现在更接近于那些精深的职业。考虑到其他科学的地位，以及维吉尔和加图（Cato）作品中呈现的农业知识，我们发现它本就是那些时代的科学。那个年代那些博学无畏之士探究它并不仅仅是为了获取收益，而是因为他们发现这里是最能获得品位和脑力愉悦之处。因此，当西塞罗（Cicero）在《论老年》（*De Senectute*）中介绍加图时，加图说出了这样的话，他开垦土地并非仅仅将它当成一种责任，也不是因为这是有益于整个人类的事，而是因为这是一种乐趣。这种可以使一颗微小的种子发育成粗壮的枝干和繁茂的枝叶的神秘力量让他欢喜。开垦土壤、修剪枝叶和嫁接移植对他来说是一种乐趣，就连国王他们自己也认为这是一种高尚的工作。我们要做的只是将土地开垦提升到过去那种可以和高精职业相提并论的地位，让它也同样受到高度尊重。这不是在每一个农贸市场上大肆夸赞就能做到的，却可以通过鼓励对博物学的每一门学科的学习实现，直到它像其他任何高精职业一样被视为满足智力乐趣的理想领域。现在低贱的劳作可能变成令人愉悦的工作，付出的劳动会收到更确定和丰厚的回报。

那些我们过去视为毫无用处的东西，若我们能在其中找到乐趣，财富也会随之增加。我们的山丘可能会充满财富，但如果我们识别不了宝贵的矿石，把它们当作鹅卵石，那我们将一贫如洗。盲人对自然风光的绚丽是无动于衷的——它们有可能光彩绚丽，也有可能崎岖沉闷。甜美的乐声并不能给失聪的人带来更多的快乐，可其他人却不惜代价去聆听。经过陶冶的品位能发现快乐的源泉，可那对未受教化的人来说，就如同置身于美景中的盲人和被乐声萦绕的聋子。品位与博物学的关系我们已经讨论过了。和金钱能为缺乏教育和不开化的人买到的比起来，博物学甚至能为穷人带来更多的快乐途径。如果所有年轻人通过他的努力和方向，能为研究培养出这样的品位，为美陶冶出这样的热情，一小亩土地也会变得更加多产和迷人，这对他自己和整个世界将是怎样的一种优势！即便是能正确地欣赏和享受他们的努力，也是一种极大的收获。那些热爱自然之美的人，他眼光所到之处的每一寸自然景观带给他的财富远远比那些顶着头衔的人拥有的要多。

给真正热爱大自然的人一片坚硬崎岖的土地，他也知道如何赋予它魅力。他研究一切事物。他理解愉悦的根源，可能是一棵树，或是一片灌木林，总之是懒于思考的人考虑不到的东西。可能他的屋舍简陋，然而却坐落于雅致的地理位置，它自有它的特色——绝不是一个只为遮风挡雨而盖了个顶棚的盒子、比例失调、缺乏基本的体现美的元素、品位极低、每一寸装饰都让它更加让人厌恶。对我们大多数人来说，家就是我们的财富。我们追求金钱，这样才能在身边摆放美好的事物，让我们的家成为能为文明和有教养的人带来快乐的地方。有的人，钱不多，却做到了；而另一些人，支票大到让他们的银行经理谄媚，却彻底失败，没有比这更显而易见的道理了。他们有钱，却完全买不到穷人轻易就可以获得快乐的途径，穷人懂得从大自然呈现的事物中，甚至是从最不利的地域中挑选出美好的事物。看看这两种人通过同样的途径构建的家。一处造型雅致，选址考究——那林荫小径，每一棵树、每一片灌木丛和植被都有其用处，都是为呈现美而安置；每一处自然景观的瑕疵都被弱化了，而秀美却得以凸显。另一处却是不讲究对称和比例随意安排的，一棵秀丽的植物都没有留下，周遭的一切也看不出一点大自然自有其秀美的想法。房主可能注意到了他邻居的禀赋，却只将它看作是他的财富，不曾想过培养自己这样的能力，他想得更多的是他可以从地下挖出隐藏的金库。他知道这里很美，他听见路人不断重复；尽管身边满是材料，但他却无法伸出手去将它转化成自己的一部分，这仅仅是因为他的大脑从未接受过任何训练，理解不了每一个自然之物的美妙。只有当别人将它们组合在一起时，他才能意识到；可那时，他可能会鄙视它们，或者至少会不以为然，因为就像一双从未见过光芒的双眼一样，他根本就看不见美。作为理性享受之所或是它们的主人拥有的能力的体现，谁能将这些家园的价值做比较呢？和他的邻居比起来，品位高雅之士可能并不能更大力或频繁地挥动拳头，但是他却拥有数不清的快乐源泉，而对方却无法利用；而现在这雅致的家找到了出价慷慨的买家，但在另一片土地上，这些建筑却被看作是累赘，连土地上可供装饰改良之物都被剥去了，可大自然将这些事物撒在了任何一片未被人开拓的土地之上。我们家园的价值主要取决于我们安置于房屋四周的大自然的美妙物体——至少对那些不富裕的人来说须得如此。只有通过陶冶过的感官和对美的理解才能挑选和欣赏这些事物，这些只需通过学习博物学就完全能实现。

讲座四

博物学与信仰

当橡树舒展开结实的枝干，将根须在山脉的峭壁上插得更深，所有这些变化都只为一件工作做准备，那就是孕育果实。在整个植物王国，尽管多姿多彩、风格迥异，但每一种生命力和变化都是为这更高级的工作服务的。建筑师也要打好根基，只为在此之上进行建设。于是上帝将地壳碎裂开来，并给它铺上连绵不绝的生命形态，他这样做只是为了让它成为更适合理性的人类的居所。他赋予了人类智力和情感的本性，但这只是为了更高级的信仰天性提供条件，这种天性让人类更接近完美的上帝的形象。所有的本性实质上都是创造来为人类肉体的享乐服务的，然而，这个完美规划的框架都不过是为了和人类智力本性相匹配而已。它的润饰之美，它的壮观和庄严，便是情感本性可以看见的天堂。然而，赋予人类宗教属性，并让其他属性为其服务才是整个设计中编写得最完美的部分。在这一方面它已呈现得如此完整，连覆盖在大地上最不起眼的植物也将其展现得如此彻底，这个世界如此完美，它就是神本身，一尊让人崇敬的神。对虔诚的探究者来说，“这个世界……俨然成为一座神庙，生命本身就是一个个不断表达敬仰的方式”。

关于刻意编排足以证明上帝存在这一点，最具才华的作家们已全面地阐释过了，大家也十分熟悉，这里便无须加以讨论了。既然我们试图理解它，当然我们应限定在博物学阐释的范畴内，而且我们也不会因缺乏材料而缩减讨论，因为资源完备、丰富，足以全面地呈现那样的争论。有人认为从自然中获得的论据不具说服力，关于这一点，我们要说，无论哲人们怎样推断，博物学中的一切普遍一致，就像古代的哲人们可能在博物的其他领域看到了论据，并拿来证明伟大的造物主存在那样；而对普通人而言，从刻意安排中得到的证据总能让人信服，这远比由我们的大脑所得出的更高级的推断和论据更具说服力。只要人类观察自然比研究自己的思想更容易，他们就更容易信服像佩利（Paley）这样的人提出的普遍论据，而不是通过人类的智力和道德本性去理解，当然，一些人认为这两点本性被看作是人格神存在的唯一证据。至少可以这样说，这一论据有一定的魅力，在我们看来，它还有一种力量。当我们不止一次，也不止在一个领域，而是在成百上千的范例中看到这种有意的安排时，我们得承认，尽管这些安排可能出乎我们的意料，但它们配得上最宝贵的天赋——可以使精神上升到人格神。心理哲学家可能会站出来警告，他可能会说整个讨论不过是在逃避问题；答案实际上是这样的——“自然中存在许多值得我们用人类被赋予的最高能力进行思考的特殊安排，数量之多，排除了偶然性。因此，这个人就是人格神。”我们从动物领域来看一个例子。蜜蜂、黄蜂和马蜂它们建造出六边形的几何蜂房。这种形状最能满足它们的目的——不管是通过它们的群体或因天性使然，它们必然会用这种方式建造蜂房。就我们讨论的重点而言，我们并不关心到底是出于哪种原因。这三类群体永远按照这种方式进行建造，可问题是：这三种昆虫怎么会挑选出这种几何形状呢？谁为它们做的选择呢？只能得出一种答案——是一个可以考虑到所有可能的抽象几何图形的人做的，他还得在所有可能的图形中为这三个群体挑选出一个最适合它们的。没有人会假装这些昆虫来自于相同的种族并以此来解释它们蜂房的共同形态。它们取材各异，蜜蜂是用身体蜡腺分泌的蜜蜡建房，其他两类是采集我们篱桩和门槛上木质纤维并形成的纸浆来构建。但当我们把注意力放到形态上时，我们便可以看到最高等的脑力在考虑抽象几何关系上的证据了。这样的论证可以无止境地重复下去，然若无法证实，也是因为在研究证据的方法上的缺陷，而不是因为这件事原本就是错的。如果你要问关于特殊编排的证据为何不能更具说服力，我们的回答是，因为它们普遍缺乏正确的研究方法。它通常是在教科书上被研究，而不是在实地。我们会逐渐意识到由此带来的影响。

我们反过来看看由佩利呈现的论据。首先看看植物王国，让它成为强大的证据链条中最有力的一环。他是这样评论的："普遍来说，一个制定好的、精心安排的机制在动物领域往往比在植被领域更易找到证据，因此，既然手上有更强有力的论据又何苦关注薄弱的呢?"事实上，自他的那个年代以来，整个主题很多观点的相对重要性都发生了变化，事实上，是整个意义都不同了。自那个时代以来，整个动物和植物王国作为一个统一的规划如此完整地呈现了出来，它承载的意义比佩利所阐明的所有特意安排现象都要重要得多。他书中的第一句话写道：“假设在穿越荒野时，他的脚被一块石头绊住，若被问及这块石头怎会在此处。反过来，他很可能会说，就他所知，这块石头自古就在那里。”这句话已成为科学史上的地标，也展示了自他的年代以来那些精彩的转变。现在，同一块鹅卵石会给思想带来巨大的冲击，这些冲击使博物学家把所有的注意力都专注到我们这个星球的表面——通过那些基本元素的冲撞，地球更适合我们居住——这个宏伟计划的所有活动在漫长的岁月中发生着，那时，除了上帝，没有任何目光会留意到这一切；关于这一切，没有留下任何记录，但它却被镌刻在山丘上，然后和石块一道散落开去——在佩利的年代，那门未知的语言现在在科学的普照下发声，正如门农的塑像被冉冉升起的太阳的光芒照耀，发出甜美的乐声。

在植物王国，我们留意到那些刻意的安排，有深意的设计，然而却缺乏思想，甚至是由本能来引导。充满幻想的先哲可能会谈到这像是想要畅游时却发现双脚被捆绑住了——还会说到在渐进法则下，千百年来产生的奇妙变化。奥肯（Oken）和拉马克（Lamark）的后继者们，要是没有他们导师创立的科学，可能会认为他们的祖先是鱼。还会认为，他们自己之所以不同那是因为某些胆大的家族成员挣扎出水面后忘了回来。但是，即便是这种适应理论也无法解释一切展现在植物王国某些部分的奇妙设计，通过这些，个体生命得以延续，种群得以蔓延。人们可能会设想单细胞生物，根据自己的意愿，历经了牡蛎、鱼、猿并升华为人类的各种变化阶段；那么在我国北方冰雪下的单细胞植物，或是我们池塘里那些丰富的生物呢？它们必须得突然变得野心勃勃，并像橡树一般延展或是像玫瑰一样繁茂才能满足这样的变异吧？这远远超过了它们的适应属性。

你是否曾打量过一朵花？比如百合或者玫瑰？看看它们为了适应制造种子这一具体工作的神奇的构造。种子的雏形位于花的正中，被彻底包围着，免于危险——现在可能还只是一些小点，但每一个点都相应地可接纳一个独立的生命。生命还没有到来，但接纳它的家已准备就绪。现在，花的另一部分，颤动的雄蕊，金色的末梢像是从天堂引来了生命的火花，将封锁在漂浮的、粉尘一般的花粉中聚集的能量分散出去。这些花粉接触到中间的组织，就像是受到一种隐形力量的作用，一路沿着导管向下，用独立的生命之火触碰点燃每一颗种子。而这些种子已不再是没有生命的一个细胞，现在它宣示着自己庄严的使命，而母株就像是意识到了它宝贵的财富，开始用尽一切力量为幼苗积聚将来成长所需的原料并将它孕育在花中。在这颗生命胚芽的周围，植株积聚了它最丰富的物产：盐分、淀粉和糖分，所有这些构成了发育健全的种子的主体，使它成为一个储藏室，以确保当这颗胚芽从母体脱落到它生根、发芽都有足够的食物，并能使土壤和空气为其提供所需。当橡子掉落或是葡萄籽成熟时，在最锋利的手术刀和最精密的显微镜下将会向你呈现这一工作已丝毫无差的完成。落入每一个山谷里和每一处山腰上难以计数的种子都是如此。然而在其中一个种子中储存着一种力量，这种力量将萌发出结实的树干，使枝干伸展，叶片舒展并孕育果实，最终长成一棵完美的橡树；而从另一颗种子里将长出四处依附的藤茎，用关爱的卷须缠绕着橡树攀爬，在橡树的枝干间舒展出茂密的叶片，将它一簇簇鲜艳的紫色果实和杯状橡子那不起眼的赤褐色糅合在一起。

要不然和我一块儿去田野看看那一行行金色的玉米的构造吧！每每微风拂过，延续生命的花粉如细雨般从摇曳的穗须中洒落。每一颗未成形的玉米粒都从果穗中部伸展出丝质的细须以捕获漂浮的生命细胞。当它累积到一定比例时，玉米粒开始膨胀，从母株那里吸收养料，直到它在南方的田野里发出珍珠般柔和的光彩；而在北方，则散发着黄水晶和黄金般的色彩。除了森林里的树木和田野里的青草，没有别的父母能用类似人类的智慧为幼苗以及它们孕育的每颗种子提供完整的生存所需了。如果偶然情况下，谷物的花粉未能入驻种子，便不会形成胚芽，也就不需要养分，什么也不会被累积；而植株绝不会犯错为未产生的幼芽储备食物。

就算种子形成了，也还需要其他的呵护，它需要找到适合生长的温床；播种的方法必须适合植物的需求。有的种子插上了翅膀，可以飞走，天竺葵靠着不可思议的弹动撒播种子，蓟花依赖穗球的滚动，而别的植物的种子会依附在每一个路过的生物上，接着被撒播在大地上。一旦种子发芽，每一片叶子都有上千个孔可从空气中吸取气体（氧气和二氧化碳），地面以下也有上千个可以聚集养料的点。

每一阵吹动叶片的微风都给它带来养分，地下瓦解的岩石会赋予它力量，随着它的成长，每一个变化都展现了它对周遭环境的适应力。

去我们北方的丛林看看阔叶林吧——枫树、橡树和榆树。夏季，它们枝叶繁茂，在一些最广袤的地区，几英亩地叶片连绵起伏。现在来看看它们向四面伸展和分叉的枝干，它们会一直留着这些叶片吗？那样的话，冬季的一场雪就能将这些树枝从树干上撕扯下来，毁掉这一美景，最终它们会死去。然而秋天的第一场霜降就能为这些绿色的树叶染上绚烂的色彩，接着秋风会将它们从树上摇落，光秃秃的树枝便呈现在霜冻和冬季的寒冰与冽风之中。夏季，它们必须靠宽阔的叶片来吸取空气中的气体；而在冬季休整的过程中，它们也会展现出它们的破坏性，它们会将叶片抖落。在我们北方地域，没有一棵宽叶林木会在冬天的几个月留有叶片。现在再来看看云杉、冷杉还有松树这些常青植物。它们都长着针叶，单干式的树干，从无分叉。每一根小枝丫都很细，像大头针一样插向树心，这样就算它们折断了也绝不会对整棵树带来任何损伤。这些小枝丫留存着叶子，这样一片绿色让我们冬季的森林富有生气。落叶林就如同恐惧风暴威力的水手一般，在第一场风暴搅动时便卷起了船帆；而云杉和冷杉，尽管知道对手的力量，也要舒展开每一寸风帆，并向风暴进行挑战。

我们相信，每一种树，在它的特殊设置上都展现出了一个人格神。单是蒲公英漂浮在娇弱的绒球上的一粒种子就能将无神论从根脉上铲除。对某些人来说，这些证据还不足以令人信服，然而对这些证据视而不见的人，他们确定能看到每日展现在热切的博物学家们眼前的所有美丽和特殊设置么？除了人类智慧，另一种创造性思维存在的证据在自然界中真的找不到么？对大自然常规的、不经意的观察是不足以为否定的看法进行辩护的。眼见为实。一个没有见过化石的人，听到别人讨论将鱼从坚硬的岩石中切割开时，很容易便认为人们一定是搞错了。如果他没有参观过煤矿，一定会怀疑煤源于植物。然而，当他穿行于岩石之中时，他的疑虑便会荡然无存。另一方面，事物看起来总是达不到特定的效果。当我们在异地为不寻常之物赞叹时，我们会发现栖身其间的人对此却无动于衷，就像我们对日常生活中常见之物的反应一样。

关于普通事物第一次呈现时可能产生的效果，西塞罗(Cicero)在《论神性》(*De Nature Deorum*)一书中保留的关于亚里士多德的部分进行了很好的阐述。他说：“如果有生物居住于地底深处，居住在满是雕塑、绘画和被大量让我们艳羡不已之物所装饰的地方；如果这些生物能够接收无上权威的懿旨，感受到神灵的威严，并且能够透过地壳的狭长裂缝从蔽身之所来到我们所栖息的地球；如果他们一瞬间能看到土壤、大海和天穹，也能意识到云雾缭绕的苍穹是多么广阔，空中的风是多么有力，他们会在壮观、绚丽和耀眼的光芒中对太阳心生仰慕；最后，当夜幕将大地笼罩在黑暗之中，他们能够看到天空中的繁星点点，不断变化的月亮以及星辰在亘古不变的永恒中升起和就位，他们定会感叹神灵的存在，如此壮观惊叹之物定是出自神灵之手。”

这些美妙的杰作自古就摆在我们面前，因此我们很难意识到有一段时间我们忽略了它们的存在，要完整地感受到它们的机制本应给我们留下的印象就更难。博物学里那些不起眼的事物，我们每天踩在脚下，它们并不能激起对壮观和庄严的感叹，就人通常的思维模式来说，我们会毫不在意地从它们中经过，即便注意到它们，也不会如它们期望的那样，让我们信服。也许它们各部分排列巧妙，彼此适宜以形成某种效果；但我们却无法看出上帝如何渲染花朵，巧妙地安置各个部分以使它适得其所。植物从大地中发芽，它的同类世代以来都是如此。如果我们此刻能停留片刻来欣赏一下神之手是如何掂量成分，运用一定的法则将不同的细胞结合在一起，或许我们的争论将就此改变。但从这件杰作中，我们一定能了解这个建造者。当我们走进古老的废墟中，很难意识到那些石块都是由人类切割、吊起并拼凑在一起的。当美国人第一次参观弗农山庄时，要承认此处真的是他曾敬仰的那位伟大领袖的故居是多么困难。

对博物界的事物而言，要有这种意识太难了，因此，有时以对人格神的质疑告终也不足为奇。有些人，他们对其周遭的常见生物的细节，观察到的并不比孩子们多，这一点并不奇怪，至少，对他们是这样的。尽管需要对这些令人惊叹的杰作进行描绘，也不应由书呆子来做，而该交给那些亲眼见证了生命的周期和链接，能理解其说服力的人来完成。那些仅仅读过华盛顿生平的人，对爬上了总统山巨石这座在大自然的力量下形成的宏伟纪念公园的人对权利的感触，他能体会多少？那些仅仅读过尼亚加拉大瀑布简介的人，对抬头亲视了倾泻的洪流，亲闻了振聋发聩的轰鸣声的人的震撼感，他又能懂得多少？要令人信服，必须依赖于实物，而不是描述。那么，如果我们想要从大自然的布局上去证实我们的观点是具有说服力的，我们是应该寄望于终其一生仅仅是阅读和观察一成不变的表面现象的人呢，还是应该依靠一生都穿行于博物殿堂的博物学家呢？他们每天都会揭示一些展示了新鲜美好事物和适应性的壁龛。要了解远处的景观，我们是应该询问那些在山下的平原上徘徊的人呢，还是那些每天登上山坡，从各个可能的角度去观看这片土地的人呢？普通的观察者就像是亚里士多德想象出来处于地球中心的人一样——永远待在那里，他们听说过神灵和他们的杰作，却只是从风景图画的勾勒中去审视整个大自然的布局，他们用人类发明的太阳系仪来代表整个天体运动。

但是博物学家，带着受过训练的观察力，可以这样说，是从内到外地在看待这个新世界。在他的显微镜下，每个小时都会有一个全新的世界展现在他的眼前。这有别于观测远处的星星，它像光点一般穿过苍穹，因此我们可以判断出它运动的轨迹，它呈现在水珠里，在页岩的纹理里，在鱼鳞和每一片碎裂的骨头上。你是否认为这种关于结构设计的讨论对居维叶没有任何说服力？认为他对目的因的坚定的信念才造就了他辉煌的成果。他的天赋使巴黎盆地上的骨头碎片恢复了完整的形态，然而，他对生物特殊的适应性的坚定信念才是指引他的光芒。对上帝的规划以及每个有机体都是由神圣的自然法则订立者用智慧构建这一点他从未怀疑过。

一片鱼鳞便已向阿加西展示出了鱼的特性，你还认为他无法感知这一论证的说服力？对此，我们无须对这个问题进行讨论，只需向他寻求答案，而他的答案已呈现在他最后的巨作中，这卷有史以来最具影响力的著作所有的论证都源自于动物王国，它证实了自然中人格神的存在。此人在博物学上所见过的物种比任何人都要多，他是有史以来最伟大的博物学家之一，他的足迹所到之处几乎可以让石床中沉睡的所有物种复苏。他在所有这些适应性中，见证了令大脑信服的大量论据。至此，我们可以暂且放下关于这个问题的讨论，先不管空想发展论者可能会发起的挑衅。这一争论无须进一步进行防御，除非有足以让阿加西操刀上阵的学识渊博的“强敌”对此展开攻势。

从人类的思想构成来说，我们对这一论证非常满意。但是，如果一只手表内部的构造能够展现它的设计，那么外罩和所有外部的装置难道会不适合保护内部机械装置并展示出它的运转吗？如果人的思维能表现出它的设计，那么身体这个思维的居所和上千种奇妙的构造本质上难道不能保证躯体和它所有复杂的机制和谐运转吗？因此，如果我们赋予人类的思想以个性，就现在所讨论的这个话题而言，我们也可以相信某些过去的哲人的观点，那就是思维是永恒的，非创造的；然而，身体能够适应思维的需求这一点，将证实身体的创造者的一些特征。有些人认为这个世界的救世主从任何意义上说都不会是人类，他们认为神圣、永恒和非创造性的智慧被结合起来赋予了人类的身体。这种观点并不荒谬。如果每个人类都被看作是相同的，那么，在适应思维的过程中，身体将仍需一个造物主为其提供本质上相同的思维。

但是在地球的岩层里，博物学为其信仰打下了基石，一个永远不会被削弱，相反，会随着每一次新的发现而变得更加坚定的信仰。通过将我们带回所有有机生物的起源，通过在岩层的分布图上指出每一新物种开始其进程的地点，这一基础就这样被打下了。无神论关于无穷级数的观点可能会受到形而上学学派观点的攻击，然而对此的回应也无非是空话，对很多人来说，这远非确凿的结论。这就像是一个防御堡垒，数以千计的人在其后夸夸其谈他们是安全的，正如所有形而上学学派的堡垒一样，只要你坚信，它就是安全的。

然而，地质学给出了更简短、确凿的答复。她榔头一挥，就像是魔法一般，无穷级数的堡垒被瓦解了。她抽回手指向地球的花岗岩桁架，念出了史上关于它的那一章节，那时，有机物是无法在灼热的熔浆中幸存的。接着，透过每一层石质层，她标记了每一个新物种的产生——上千种美妙的形式，每一种都是造物的奇迹。首先，她展露出志留纪大海中形形色色的物种，它们是最早的有机生命形式。有带腔体的壳和小山般一堆堆奇形怪状的物体，这种完美的终结方式使得三叶虫眼睛的一个细微眼面，在数个世纪之后，还完好地保存在这宏伟的储柜中，得以幸免于腐蚀物质的侵害，也未受到横扫上方的海水和下方足以打破和抬升地壳的力量的打扰。

接着，她追随着“造物主的足迹”来到（泥盆纪）老红砂岩的采石场，再次漫步穿过石炭纪植物群那葱郁的森林。她向上攀了一步，在康涅狄格河谷中，她将巨型鸟类的路径和其他一些现存动物群中未知的物种分割开来。她让爬行动物在已形成鲕粒岩海洋的海岸和水域中登场，它们巨大的盔甲和力量更让人震慑，比画家和诗人能想象出的形态更加奇妙。地球似乎再一次在乳齿象的步伐下震颤，她变幻出它的骨骼，并按其巨大的比例让它们一段一段地连接在一块。最后，在这些被岩石掩埋的族群之上，她指向物种顶端的人类——他们不仅是最后的物种，也是地球上有史以来形成的最完美的物种——在他的生理结构中可以看到一个理性灵魂所需要的所有官能，这一切展现出他处于这个长长的链条的末端，根据造物主的规划，在他之后再无进化的可能。这一规划在志留纪水域里最早的脊椎动物身上有过依稀的描述，在随后的地质时期逐渐显露。

在人类这座殿宇的基石下为随后的世代留存了纪念品，他们将更清楚地了解修筑城墙的祖先们的工作。因此，“伟大的建筑师”在地基下放置了石块，上面记录了他的杰作，最后出现在视野中的人类可以通过这些石块了解由他亲手创造的最完美的作品。

在对待博物学和信仰的关系上，我们并无意忽略一个事实，那就是从造物规划的整个进程中，从最底层的岩石中最简单的有机形态到这个纪元最高等的植物和动物，认为人格神并非必然存在的论调一直都有。规划发展的证据被误解为是新物种的发现，他们将渐进规律运用到单一物种上，因此导致他们相信在较低岩层中的生物形态逐渐演变，作为这些演变的结果，它们呈现出地质学所揭示的生命各阶段向上发现的趋势。即便是对地质内容这么奇怪的解读仍然需要一种神圣的力量来创造第一个生命源头。然而，错误只有到达悬崖边缘，迈出致命的一步才会终止。曾经一度，博物学似乎已为无神论者和泛神论者准备好了一弹药库的飞弹以对付宗教所修建的最牢靠却又注定会崩裂的围墙。然而一股力量将他们击退并熄灭了攻击的排炮。最令人迷惑、看起来最似是而非，同时也是最危险的就是进化理论，或者叫作物种的蜕变，它使海洋这个满是生命的领域成为每一种有机体的诞生地——但却不是以完整的形式，仅仅是海水接触陆地的一个生命点而已；这使得最初的生命创造除了电流便不再具有更高级的力量。

这样的转变理论让人觉得滑稽好笑，倒也并无恶意，就像100年前马耶（Maillet）凭空想象出来的那样。想象一群受惊的鱼在芦苇丛中扑腾，直到鱼鳍分裂成羽毛，鼻部变长变硬，长成了喙，只有这样它们才更适于飞翔，进而发现树枝而不是回归到本属于它们的水里。这样想并不会带来什么严重的伤害。然而在聪明能干的博物学家奥肯和拉马克那里，它被假定成逻辑更严密、更危险的物种。但是他们的论点就像是被笨拙的手掷出的回旋镖一样，又还过来驳斥自己。然而最后一击却是由苏格兰的石匠给出的。他如此描述这一发现对他的意义：这是防御和让战争在敌人的阵营打响的最有力的武器。

“当我到达斯特罗姆内斯湾时，白昼已过去大半了；然而摆在我面前的是个晴朗而明亮的黄昏，因此地偏北3～4度，比起苏格兰南部盛夏的傍晚来说白昼更长。我提着榔头出发去考察花岗岩和大砾岩群的结合处，受到低处海岬沿岸海水的冲刷，此地裸露了出来，构成了西部海港的分界线……那个傍晚，我沿着向上翻起的岩层边缘，寻着耸立的石峰攀爬，从大砾岩群斜倚向花岗岩的地方一直到达它们融入鱼化石石板之处，接着，再继续沿着古老、低洼的岩层爬向更新的、高处的岩层，希望弄明白在离这一系统的根基多远的地方，最远古的有机体才第一次出现，它们都有些什么特征和种类。在花岗岩上方大约不到100码，砾岩最外一层岩层上方大约160英尺的地方，嵌入了一层灰色的坚硬石板，在那里我找到了我探寻的目标——这是一块显眼的骨头，极有可能是奥克尼郡有史以来发现的最古老的脊椎动物……凯斯内斯郡和奥克尼郡外行的地质学家们已试着接受它是‘石化的趾甲’”。

对于旁观者来说，那个形单影只的地质学家那次傍晚的散步，看起来会是件多么无关紧要的事；然而对科学和宗教界来说，这却是一个值得纪念的黄昏。那把小榔头的敲击声仍在回响，而“石化的趾甲”对进化假说远比帐篷钉对西西拉有着更重大的意义。

它证明了最早期的鱼类是属于最高组织内的；发展顺序被颠覆了，进化论被击溃。他最后的话也得到了全面的证实：“它们是通过创造这一神奇的过程产生的。”因此，此后人类的思维从这种显而易见的危险中得以迅速发展；然而，大自然被召唤以证实人格神是不存在的，它却从岩层的深处做出了这样的回应，如同是向这世上所有最能耐的地质学家证实神的存在。

到目前为止，就我所提到的所有博物学与宗教的关系上，我从未提及任何书面的启示录。即便是在科学的殿堂里，认为牵涉《圣经》不合适的年代早已远去。但是即便它能驳斥科学的传授，那么，在这个时代，它的影响又能维持多久呢？在黑暗时代和蒙昧的人群中，它或有一定影响力，就像《可兰经》和《吠陀经》这些其他宗教的圣书长久以来能做到的那样。但是，在一本书可以动摇对博物的传授方式之前，人类的思维首先得做出改变。比如，科学现在对它的呈现方式。在科学里，有些东西是确定无疑的，它们自有其作用。书是由人类所书写，因此，它仅仅是人类的产物——它可以被修改，删节一些，增补一些。可没有任何人类的双手可举起山丘，没有任何狡黠的宗教创建者能翻转大地的岩层，并将化石置于此地以标识神对生命的引入。他的追随者们，没有谁能创建森林，并在水域中填满丰富的物种。信仰上帝的人，首先相信他是造物主，并且他们不会相信他的意志透过人类这个媒介创造的任何书籍会与自然中的天启相背离，这些启示都直接源自上帝之手，远在人类被创造之前便已存在，也远非人力可去更改任何一个字母的。如果《圣经》是通过被赋予了绝对权力的大使们所传递的上帝的意志，那么大自然就是至高无上的主的亲笔信；而现在，人类既已学会如何阅读，作为信仰的前提，人类传达的信息不应与亲笔信的内容相背离。他们知道这是出于主之手，如同用全能的神力盖上了印章，而这印章他并未托付于任何所创之物进行保管。被称为“博物学”的那部分科学与《圣经》之间的关系，对某些人来说，看起来并非那么确定和直接，而是相当偶然的。然而，即便是这些偶然间的联系也具有最宝贵的价值，它们为启示录晦涩的部分提供了线索，将人们对它的理解引领向更深远的研究和更自由的见解中。那一宗教实至名归并不因它简单地证实了上帝的存在，承认上帝可能创造了整个宇宙，让它如同一部巨大的机器一样被永恒地启动，接着从他的掌控和关爱中永远退出了。相反，正是在揭示主对所创之物不断的指引和关爱的特点后，理性的宗教的根基才得以奠定，这一切都会在信任和行动中得以彰显。这些特征无疑会在创造的过程中展露，且“可能会被所创之物理解”。在所有的作品中，仁慈与显现出的智慧融汇，宛如太阳与其伴星重合在一起。为使不同地质时期新物种能适应地球，在整个过程中显示出的眷顾使我们很难相信这种关怀业已休止。我们至少有证据证明这种关照并非只给予过一次，相反，在漫长的时代间隔中难以计数。如果他关爱过志留纪海洋的鱼类，难道他会不关爱我们？新的物种的引进和人类本身都证实了千万次神力的干预，它说明只要出于这个宇宙健全之需，上帝就会使用他的神力。而现在，当我们看到他为他的子民之需所精心提供的一切，这让我们更愿意看到《圣经》为满足出于上帝之手的人类更高尚的本性所做出的调整。

因此，通过了解博物学，我们应摒除先前一切对《圣经》作为天启的疑虑，摒除对受到无上权威支撑的“奇迹”的成见。这两本书意料之中的分歧促进更细致的研究，不仅仅是对岩石，即便是对希伯来文字以及它对《圣经》批判所带来的影响都是显著而让人愉悦的。它们可能永远也不会完美调和，对此我们也并不关心。我们在意的是，它们目标一致——都宣称人神的存在，都承认上帝神圣的干预，都认识到他不间断的关爱。如果《圣经》与科学相悖，那它就失去了其影响力，在睿智的神学家中，很难找到任何无法理解这一点的人，也很难找到任何人不知道博物学摧毁了玄学为之雄辩无力的异端邪说。

在创造过程中，显而易见的特殊调整和神力干预的大量证据，对智力的满足来说早已足够，但这和自然中的特殊调整对情感的影响比起来，便显得没有那么重要了。“清心的人有福了，因为他们必得见神。”说得俗一点，它有它的用途，那些内心纯洁的人是最早准备好见证上帝的存在和本性的。如果，自然是用来提升人的纯正的品位，授之以各种美，那它便定能净化和提升他的感知，让他准备好领受圣体。这将是必然。

我们必然将人类作为我们共同的属性。接着，我们可能会问，能否在他的任何作品中证实这一特性？如被否定，那么我们的争论从一开始就陷入危险，因为我们并无公认的标准。但是，如果认同任何人类的工作和任何由这个种族集合的智慧和技艺所创造的宏伟物质成就能证实我们的属性，那么我们便有了被认可的标准。假设就是这样，我并不在乎还能怎样，这不仅能在博物的每一个单一工作中得到印证，更是在成就和宏伟瑰丽上被证实。在第一批动物和植被被创造的过程中，我们看到了一份计划或一套方案，不知经过了多少岁月，这些方案中超凡的主意不仅通过数千次更新迭代，更是通过成千上万的新生事物被保存至今时此刻。然而，那一方案在细节上已做过修订，以便在每一个新物种上执行新的设计。其智慧和技艺的展现，不仅仅是为满足白昼的迫切需求，也不仅仅是为了已被创造出来的事物，更是期望通过不同地质时期的物理变化满足人类，这更多地体现在满足他们的所需所欲中，这完全有别于之前任何的创造物。仅仅是为了人类，金属被倾入原生岩中，那时生命还没有被带到这颗星球；也是为了人类，煤被收集和存储，一代又一代，直到这个地球适合他们生存。在任何岩层的褶缝中，或是对一种新物质形态的研究中，我们几乎很难看到它们没有揭示人类是一种物理生命或智慧生物。不用探究得那么深，我们就可以断言一切已为人类做好了精心的准备；这个个体要具有什么样的智慧和技能才能为人类的需求做这样的准备？我们关于人格的概念又是从什么样的个体上获得的？尽管我们知道大脑里的思绪倒挺对哲学家的胃口，我们也得相信，那样的思维还得有与之相配的身体，进而还得有适宜那样的躯体的世界，这都印证了人类的特征。除了他再没有别人能理解并为人类特性的满足提供必备条件。链条此时看来环环紧扣。如果思维的创造力能够证实人性，那么匹配它的躯体也能——如果躯体能，那么这个躯体为适应自然所做的每一次特殊的调整也能。

我们相信这一观点得到了基督门徒的支持。“从创世开始，他身上那看不见的力量已然清晰，他创造出的事物对此也能理解，甚至包括他永恒的力量和神性，于是他们不再辩解。”显然，当门徒宣称他们再无不尊他为神的借口时，他们期待在创作过程中显现的已不仅仅是人格神了，这一点已不容争辩。然而，另一方面，他痛斥他们将上帝与易堕落的人类、鸟类、四条腿的兽类和爬行动物相提并论，仿佛他们能看出这些事物以及戴罪的人类这一不完美的作品在被创造之际除了本能并不具备任何智慧。

不要以为我把自然界的事物当成了《圣经》的替代品，也不要以为我把这一切美妙的创作者——上帝之爱看作是一个正义的道德总督所需之爱，一刻也不要这样想。万物只是一个启示，通过恰当的研究，它不仅能如过去一样满足我们所需，还能让我们更深刻、更平实地了解到他人之需。它将带给我们孩童般的纯粹，纯洁又可训导——正如《圣经》所主张的那样，适合接受完整的启示，接着过上《圣经》要求和人类灵魂渴求的有信仰的生活。

博物学和《圣经》可分而习之；但正如上帝是这两者共同的作者，我们无法相信忽略了最底层的基本物质会不无损失，因为我们知道最顶层（的精神领域）也不能免除高尚追求的败迹，人正是为之而被创造。

就它们之间的关系没有比迈科什（M'Cosh）的语言更精湛的阐述了。“科学，”这位有才干的作者说，“有其基础，宗教也同样；让它们将其基础联合在一起，根基会更宽广，它们将会是耸立于上帝的荣耀前的伟大建构的两个隔间。让它们一个做外院一个做内廷。在其中一间，让所有人对其观赏、崇拜和敬仰；在另一间，让那些有信仰的人，臣服下跪、祈祷和歌颂。让一间成为圣所，人们在那里将最珍贵的香烛作为祭品呈与上帝；而另一间是最神圣之殿堂，由一席幕帘一分为二，在那里，在洒满血的施恩宝座上，我们倾献一颗顺从的爱心，倾听永生的天主的神谕。”

译后记

翻译工作渐进尾声，没想到短短 160 余页的小册子转换成中文也是让人绞尽了脑汁，有时一个词、一句话反复斟酌数日仍找不到贴切的表达。译稿是在繁杂的工作和日常的琐碎中见缝插针完成的，思绪时断时续，灵感时有时无，再加上对其他学科专业知识的欠缺，因而，越是临近完结，越是有一种不安的感觉。总觉得还有太多的疏忽和不足之处，还有太多的句子需要推敲和改进，好希望能借着临近的假期，翻盘再来一遍，无奈，此书已容不得我一再磨蹭了，丑媳妇终归要见公婆。

初读原著时，不仅刷新了我对博物学的认知，更是让我感慨19世纪学者的学识与修养。原著语言优美、不乏类比，既是一本哺育青年学子的力作，也是语言学习的典范。正是这一特点，更是加大了“信、达、雅”的把握难度，落笔时，既想保留原文语言的典雅，同时又不希望译出的四篇通俗讲演显得太过考究、做作，而拉远了与博物爱好者之间的距离。在这之间取舍，总有一种忍痛割爱的感觉。当然，自己的语言能力捉襟见肘，大大削减了原著对读者的触动和感染力度，只愿借我拙劣的语言技能，引来真正的博物爱好者，在他们之中，定有集语言与博物的上成者。

《博物学四讲》只是一本入门级的浅谈，它并不涉及具体的学科知识，更多的是从与人类生活密切关联的不同角度帮助读者建立基本的认知体系和扫除一些先入为主的偏见，帮助人们走出误区，以正确的心态和着眼点来重新认识这一学科。用现在的流行语来说，就是告诉人们博物学“正确的打开方式”。

在翻译这四堂讲座的过程中，作者贴切的比喻、发人深省的提问和深入浅出的呈现也不时将我引入反思，对这门学科我也曾步入类似的误区。与此同时，也让我时常回想起我在“打开”它时的那些场景。

我是一个不安分的因子，闲暇的时间总想到更广博的地方去看看异样的风景，然而，正如查德伯恩所指出的那样，缺乏专业的训练，身心眼耳所能及处不知错过了多少绝妙的事物与风景、遗漏了多少“奇珍异宝”。记得初识刘华杰和田松教授时，我已在泸沽湖待了大半个月了，在他们来之前，我日日从路边那一簇簇淡紫色的小花边经过，那正是我喜欢的颜色，远远看去，淡雅、静谧，然而，也仅限于此，我从未驻足凝视，直到透过刘华杰教授的相机才留意到那像是一个个玲珑别致的紫色小夜灯的偏翅唐松草。惊喜，是博物学必定会带给追逐者的回报，当然，在这个过程中，也并不总是惊喜，“惊吓”也是有的。偏翅唐松草，多美的名字，光是这个名字，就足以让人浮想联翩了吧。小时候读国外的童话译著，一直被一个魔怔的名字吸引着，曼陀罗，光听这个名字，我觉得它应该是妖艳的，应该有着夕颜一样缠绕、纠结的藤蔓，应该开着像屋檐上悬挂的护花铃一样的花朵，微风拂过，摄人心魄……然而，也是在刘教授的指引下，我终于验明了它的正身，童话梦幻也随之被打破了，它怎么可以就开着这样朴实的白色花朵、结着带刺的果实匍匐在地上，摩梭人还给它取了个难听的名字“毒死老母猪”，有点失望。惊喜和惊吓之余还有惊奇。有一次，和朋友们一块儿到号称360度全方位“中国最大的观景平台”的牛背山徒步，牛背山位于四川省雅安市荥经县，海拔3 660米左右。历经9个小时的步行之后，最后的登顶之路余下的队友决定不走寻常路，我们另辟了一条蹊径，被冻得瑟瑟发抖的间隙，我留意到远处山坡上，在云雾的掩映下有些黄色花朵若隐若现，花瓣硕大，在那样仙雾缭绕的环境下，我突然有种见到武侠小说中天山雪莲的感觉，也顾不得安不安全，摸索着走到那些花朵中，拍下照片，发给刘教授。他告诉我这叫全缘叶绿绒蒿，名字形象，颜色艳丽，出场惊艳，正当我沉醉其中时，他发来信息说，这品相，算是绿绒蒿中比较丑的了，伤心，哈。没错，博物学就是这么有趣，若是有良师指引，更是多彩。

对我来说，跨入博物学的大门，一开始并不需要太过专业的知识，更可贵的是保有一颗好奇之心。从小到大，我们在不自觉中可能已经接触过太多太多的物种类别，只需在系统的知识的指引之下，对其进行分门别类，慢慢地就会找到一些有趣的规律。刘华杰教授惯用左手，他说植物中“左撇子”是很少的，在他的引导下，我们开始观察周围的藤蔓，大多是像中学物理学的电阻丝一样向右缠绕的，左手性的植物非常少。多年的旅行经历让我明白一个道理，景观也好、摄影也罢都讲一个缘分，求不得。在通往杨二车娜姆博物馆的那条小路上，我遇到了关于左手性的缘分，某种桔梗科植物就是左手性的植物，花朵也精致、好看，浅紫色，至今记忆犹新，后来在川藏线上格萨尔王王府里一处神龛旁又见过一次，你看，你都不需要特意去搜寻，只需用心观察，适时，它会再次出现。

田松教授家摆放着好些别致的小摆件，要么是些不起眼的木头摆件，要么是从夏威夷捎回的植物外壳，这些在外行眼里一文不值的烂木头、空果壳，在识货的人手中便可化作致富的宝贝。2014 年，我和家人去内蒙古额济纳旗看胡杨林，一路上景区门口总有小贩用小桶装着各种色彩鲜艳的石头贩卖，当然，还有造型怪异独特的奇石，但都价格不菲。回程的路上，我们发现远处公路旁的荒地里好些人拎着塑料袋低头在找什么，这里的生态只有荆棘，不像是有什么特殊的植物，怀着好奇，我们也奔了过去。

原来地里很多浅黄色半透明的石头，被风沙吹磨得很是润泽光滑，形态各异，甚是好看，放在手里掂掂，感觉密度挺大的，捡了一些，拍照发到朋友圈，瞬间就被预订一空，求助于“生活小百科”华杰老师，说是玛瑙石，又是一阵窃喜，有种一夜暴富的感觉。博物学总是带给人意想不到的收获。

查德伯恩仅从四个方面谈了博物学与人类的关联，然而，它的意义不限于此。博物学是食物，是路途中藏族小伙子为我们捧来的一捧牛迭肚；是财富，是搜寻虫草、松茸、雪莲花、藏红花、乌木、楠木、水晶、钻石……的线索；是玩趣，是被藏族人打趣为藏族摇头丸具有轻微致幻作用的扁刺峨眉蔷薇的果实；是设计，是水晶石精确的切面与角度；是护身护，是辨识高山蚂蟥生存的海拔线；是对话，是人和神灵沟通的媒介……

在这个功利的社会，我们所做的一切都是以实际利益为导向的，连读书和学习都变得太有目的性。在教学中，我发现现在的学生大多已经没有爱好和兴趣了，所有的一切都是在为那个未知的工作做准备，仿佛毕业找到工作所有问题便得到了解决，可在工作后，却又发现空荡荡的灵魂无处安置。我们能否停下匆忙的脚步，停留片刻，环顾一下四周熟悉又陌生的生活，不要因为一味地赶路而错过了路上的风景。我们能否读一本“无用之书”，追随内心的感受，在它的指引下回归生活的本质与真谛。

感谢刘华杰教授把这本书的翻译任务交由我来完成，在整个翻译过程中他给予了我充分的信任和无限的支持与包容。这本书的翻译不仅在博物的认知上赋予了我新的理解，原著自身优美的语言和丰富的修辞手法对我的专业学习和业务提升都给予了新的启示和促进。另外，刘华杰教授自身在博物学上的热情和投入也在生活中深深地感染了我，正是在他的影响下，我的镜头才从远处的虚无缥缈中转移到眼前真实的存在。不仅如此，他治学的严谨态度，更是在工作中给我树立了榜样。

同时，还要感谢编辑唐宗先细致、耐心的审阅和沟通，正是你们默默的付出和支持才让这本书能够顺利完成。

隔行如隔山，有限的见识和学识，包括专业上的不足，定会导致译文有不甚通达之处，相比原文的典雅，译文更显苍白，疏漏不足之处望同行、读者多加指正。

邬　娜

2016 年 12 月 26 日于四川大学锦江学院

读书笔记

| 博物学文化丛书 | 简介

1.《博物学文化与编史》

刘华杰 著

本书是科学哲学、科学史研究者刘华杰教授的一部讨论博物学文化与博物学编史的文集，分三编收录三十余篇文章，内容包括博物学与生活世界、博物学编史纲领、博物致知、博物顺生、博物画的历史与地位、新博物学等。本书适合环境伦理学、保护生物学、自然教育、科学史与科学哲学、环境史等领域的学者阅读。

2.《约翰·雷的博物学思想》

熊娇 著

本书采用新的史学视角，从17世纪英国的社会、政治和思想语境出发，将约翰·雷在植物学、动物学、语言学、分类学、地质学和自然神学等多个看似独立，然而实际关系错综复杂的领域所做的工作统合起来，全面系统地阐释了约翰·雷的博物学思想，及其在同时代人和后世学者中的影响。对于普通读者理解17世纪英国科学的全貌和西方博物学的发展，均不无助益。

3.《发现鸟类：鸟类学的诞生（1760—1850）》

保罗·劳伦斯·法伯 著　刘星 译

本书是俄勒冈州立大学科学史教授法伯的博物学史经典著作，作者采用了更加新颖而全面的史学研究进路，不仅考察了社会文化因素对鸟类学诞生的影响，还考察了鸟类学理论如分类和命名的发展。本书跨越了科学内史和外史的鸿沟，揭示了许多令人惊叹的历史细节。

4.《纳博科夫的蝴蝶》

库尔特·约翰逊　史蒂夫·科茨 著

丁亮/李颖超/王志良 译

《纳博科夫的蝴蝶》为读者展现了著名文学家纳博科夫对鳞翅目昆虫的痴迷，全景回顾了他所做的眼灰蝶分类学研究，并通过大量翔实的材料，以生动的笔法讲述了纳博科夫的“双 L 人生”（分别指文学和鳞翅目昆虫学）。本书也再现了当代鳞翅目分类学家的工作方式，为读者深入理解博物学的过去和现在提供了鲜活的资料。

5.《自然神学十二讲》
P. A. 查德伯恩 著　熊姣 译

西方的博物学与自然神学历来有密切的联系。本书由19世纪美国著名教育家、博物学家查德伯恩撰写，其中汇集了他应邀于洛威尔学院发表的系列演讲，也是他在“博物学纵览”主题的研究基础上更深层的思考。查德伯恩从“人的起源和命运”等终极命题入手，将当时有关动物、植物、矿物晶体等自然物的科学理论与事实结合起来，深入浅出地阐述了人类自身及外部世界中形形色色的“适应性特征”。查德伯恩试图以公正的态度去审视人在自然界中的位置以及人类与外界的关系，并对包括人类在内一切生物体的存在，做出不同于当时盛行的“发育论”阐述的另一种解释。本书有助于读者了解19世纪下半叶西方科学各分支学科的发展和当时博物学的特点，书中对人类情感与道德本质的探讨在当今语境下仍然值得一读。

6.《玫瑰之吻：花的博物学》
彼得·伯恩哈特 著　刘华杰 译

《玫瑰之吻》是美国圣路易斯大学生物系教授伯恩哈特撰写的一部关于花的博物学著作。作者生动展示了花在地球上的演化历程，描述了花的结构、多样性和适应性，细致讨论了花与昆虫的互动、花与人类的密切关系。博物爱好者阅读这部融入了专业研究的通俗著作，能更好地欣赏周边的美丽植物，在更大的视野中理解演化的精致与大自然的复杂性。本书英文版出版后受到《纽约时报》《科学》《自然》的好评。

7.《大自然声景》

范钦慧 著

本书为台湾地区第一本探讨声景的自然笔记，是一本极具趣味并充满梦想的博物学图书，叙述了26个探索声音历程的小故事，并附有23则身临其境的声音注释，以及12段珍贵的台湾当地原音声景。这不仅是一次声音的采集，更是一趟疗愈之旅：透过聆听，疗愈人心、疗愈大地，改变世界。

8.《北京路亚记》

王铮　王松 著

路亚，为Lure的音译，即假饵钓鱼，是用模仿弱小生物的假鱼饵引发大鱼进攻的一种钓鱼方法。本书是国内首本路亚钓鱼探险游记，是一本路亚钓鱼攻略指南，更是一本钓鱼者的自然档案。从钓鱼人、鱼、自然的关系，探讨了钓鱼运动的起源，深入挖掘钓鱼运动和博物之美。此外，书中还简要介绍了路亚钓鱼的装备和路线攻略（北京），给爱钓鱼的人提供了钓鱼好去处。

9.《一城草木》

陈超群 著

本书是一本城市植物的随笔和摄影集。作者以长期在城市（深圳为主）中的自然观察为基础，结合个人视角和生活经验，用镜头和文字记录下绿意盎然的一城草木。在作者笔下，草木既是天地自然的产物，亦是文化历史的记忆，更是日常生活的角色。全书以清晰通透的笔触一洗现代城市的繁华喧嚣，喻世和传递了亲近自然、宁静诗意的生活境界和人生态度，直抵现代都市人群内心深处的“乡愁”。

10.《美丽高棉》

王其冰 著

《美丽高棉》是上海交通大学出版社“博物学文化丛书”之一。作为新华社外派柬埔寨金边的首席记者，作者王其冰在近三年中在柬埔寨境内采访、考察，行程累计达五万千米。书中用文字和图片细致记述了柬埔寨的山川、动物、植物、人物、建筑和风俗，融入了作者对这个国家的历史、文化、社会的细节感悟，也表达了作者心底那份深沉的博物情怀。本书依据亲身经历撰写，叙述清晰、图文并茂，适合旅行者、博物爱好者阅读。